얘들아,
우리 관찰하며
놀자!

생명과학자 김성호 선생님과
아이들이 함께한 사계절 생태 체험

얘들아, 우리 관찰하며 놀자!

초판 3쇄 발행일 2023년 6월 21일
초판 1쇄 발행일 2020년 6월 1일

지은이 김성호
펴낸이 이원중

펴낸곳 지성사 **출판등록일** 1993년 12월 9일 등록번호 제10-916호
주소 (03458) 서울시 은평구 진흥로 68, 2층
전화 (02) 335-5494 **팩스** (02) 335-5496
홈페이지 www.jisungsa.co.kr **이메일** jisungsa@hanmail.net

ISBN 978-89-7889-445-6 (03470)

「이 도서의 국립중앙도서관 출판예정도서목록(CIP)은 서지정보유통지원시스템 홈페이지(http://seoji.nl.go.kr)와 자료공동목록시스템(http:// www.nl.go.kr/kolisnet)에서 이용하실 수 있습니다.(CIP제어번호: CIP2020020486)」

얘들아, 우리 관찰하며 놀자!

김성호 지음

생명과학자 김성호 선생님과
아이들이 함께한 사계절 생태 체험

지성사

아직
생명이 얼마나 아름답고 소중한 것인지
느낄 기회가 없었던 친구들에게
이 책을 바칩니다.

아이들과 함께 자연에 깃들인 생명을 관찰한 일 년의 이야기

나의 삶에서 큰 축복이라 여기는 것이 몇 있습니다. 초등학교와 중학교 시절, 방학을 시골 외가에서 지낸 것이 그중 하나입니다. 외가는 농촌 마을의 초가집이었습니다. 다른 집들은 산자락과 저수지를 따라 옹기종기 모여 있었고, 외가는 들녘에 홀로 호젓하게 있었습니다. 방학 내내 자연에 깃들인 생명과 더불어 살았습니다. 아침 일찍 눈을 뜬 시간부터 등잔불 꺼지고 잠드는 시간까지 그랬습니다. 마당만 나서면 바로 생명이 있고, 들녘 가득 생명이 있었으며, 둑길에도 온통 생명이 있었고, 저수지 또한 수많은 생명을 품고 있었습니다. 동물은 친구였고, 식물은 고마운 존재였습니다. 이후로 지금까지도 그 관계와 마음에 변함이 없습니다.

한때의 추억으로 끝날 수도 있었던 생물과의 만남은 대학에서 생물학을 공부하며 다시 이어집니다. 물론 현대 생물학은 생물을 직접 만나기보다는 눈에 보이지 않는 물질을 연구하는 경우가 훨씬 많으며, 나 역시 그러한 생물학을 전공했습니다. 그럼에도 생명과의 만남은 운명처럼 또 이어집니다. 1991년, 박사학위를 받으면서 대학의 교수로 부임하게 됩니다. 모든 것이 처음인 신설 대학이었습니다. 문을 여는 대학의 첫 선생의 삶은 날마다 가슴 설레는 시간일 것이라 여겼기에 선택했습니다. 거칠겠지만 일궈 가는 기쁨이 있을 테고, 비어 있는 것을 채워 가는 즐거움이 있으리라 믿었던 것입니다.

하지만 얼마 지나지 않아 기쁨도 즐거움도 모두 도려내야 했습니다. 신설 대학의 현실은 연구에서 너무 멀리 있었습니다. 그렇다고 겨우 나이 서른에 그대로 주저앉을 수는 없었습니다. 곁에 있는 지리산과 섬진강에 눈을 돌리기 시작합니다. 그들이 품고 있는 생명에 다가서서 눈높이를 맞추고 오래도록 지켜보는 삶을 통해 저들의 이야기를 글과 사진으로 기록하는 일을 새로운 꿈으로 삼은 것입니다.

자연에 깃들인 생명을 관찰하며 산 지 30년이 흐릅니다. 자연을 가까이하다 보니 또한 그런 분들과 인연이 닿습니다. 7년 전, 우리나라의 역사·문화·자연환경에 깊은 애정을 지니고 청소년을 무척 사랑하시는 정지영 선생님을 만나게 됩니다. 청주에 사는 10여 명의 학생들과 함께 탐방 프로그램을 진행하고 계셨습니다. 선생님의 소개로 그 친구들과의 만남이 이루어집니다. 학교가 다르고 학년도 달라 모두를 아울러

부를 때면 "얘들아~"라고 부르게 된 친구들입니다. 내가 사는 남원에서 청주가 가까운 거리는 아니지만, 3년 동안 그 길을 오가며 자연 이야기를 함께 나누었습니다. 한 해는 계절을 따라 한 번씩 만났고, 두 해는 두 달에 한 번꼴로 만났습니다. 친구들에게 전한 것은 자연 관찰 전반에 대한 이야기였습니다. 기본적으로 자연을 사랑하는 친구들이어서 해마다 비슷비슷한 이야기를 전했어도 그때마다 기뻐해 주었습니다. 3년 연속 만남을 유지하다 보니 친구들 중 몇몇은 내가 하는 이야기를 줄줄 외우기도 했습니다.

더 이상 전할 무엇이 남아 있지 않아 그만 만나는 것을 생각하고 있을 때, 선생님께서 새로운 제안을 했습니다. 만남을 오히려 더 키우고 싶다는 내용이었습니다. 두 달에 한 번이 아니라 한 달에 한 번씩 만나고, 이야기에서 그치는 것이 아니라 직접 함께 무엇이라도 관찰하면 어떻겠냐는 것이었습니다. 2018년 봄날이었고, 마침 그해 2월에 대학도 퇴직한 터였습니다. 헤어질 때 헤어지더라도 만남의 기록은 남기고 싶은 마음이 새롭게 일어났습니다. 자연 관찰에 대한 생각은 우리 친구들 머릿속에 넘치도록 있는데 생각이 행동으로 이어질 것인지도 궁금했습니다. 그렇게 자연 관찰을 시작했습니다. 한 달에 한 번 자연에 깃들인 누군가를 만나고, 만남으로 인해 가슴에 남은 무엇을 글과 그림으로 기록하는 일 년의 시작이었습니다.

선물을 주려 했는데 정작 선물을 받은 것은 나였습니다. 우리 친구들이 자연과 벗이 되어 가는 과정을 보는 것은 더없이 큰 기쁨이었습니다. 가장 큰 선물은 머릿속 생각에서 그치지 않고 행동으로까지 옮겨 준 것입니다. 키 작은 들꽃을 만났을 때 그 앞에 몸을 낮춰 엎드려 주었고, 힘들지만 오랜 시간 그 앞을 지키려 애썼으며, 마침내 그 대상 자체가 되어 보려 애쓰는 몸짓은 눈물겨웠습니다. 무엇 하나 강요하거나 강제한 것이 없었음에도 말입니다.

이제 내가 받은 선물을 여러분께 펼칩니다. 우리 친구들이 남긴 글과 그림의 양이 엄청납니다. 빠짐없이 소개하고 싶은 마음이나 다 펼칠 공간이 부족하여 일부만 전합니다. 보기 좋은 글, 잘 그린 그림만 고르지 않았습니다. 그날그날의 모습을 온전히 드러내 주는 것을 간추렸습니다. 그럼에도 관찰의 시간이 쌓이며 우리 친구들의 생각이 어떻게 변화했는지, 키가 크듯 글과 그림 또한 커 가는 모습은 놓치지 않으려 애썼습니다.

밖, 때로는 거친 곳에서 여러 친구가 관찰하는 것이라 안전에 대한 걱정이 많았습니다. 아무 탈 없이 일정을 마칠 수 있었던 것은 너무 가깝지도 너무 멀지도 않은 곳에서 우리 친구들의 안전을 챙겨 주신 정지영 선생님, 탁금란 선생님, 박정희 선생님 덕분입니다. 언제나 스스로를 낮추며 아이들의 기쁨을 그 무엇보다 귀하게 여기시는 세 분께 깊이 감사드립니다.

청소년과 한 달에 한 번 만나 자연에 깃들인 생명을 관찰한 일 년의 이야기입니다. 출판사에서 책으로 펴내기 쉽지 않은 내용인 것을 잘 압니다. 그럼에도 『동고비와 함께한 80일』, 『까막딱따구리 숲』, 『우리

새의 봄·여름·가을·겨울』에 이어 필요한 책이라는 생각 하나로 선뜻 출판을 허락해 주신 지성사 이원중 대표님과 정성을 다하여 책을 꾸며 주신 지성사 가족 모든 분께 감사의 마음을 전합니다.

우리 친구들이 남긴 글과 그림을 보고 또 보며 바람 하나가 생겼습니다. 어른들을 향한 제 바람입니다. 자녀 또는 학생과 함께 잠시라도 밖으로 나가시기를 소망합니다. 집 앞도 좋고 학교 운동장도 충분합니다. 자연은 멀리 있지 않습니다. 마음이 멀 뿐입니다. 가까이 있는 그곳으로 안내하고 그 안에 깃들인 생명을 함께 관찰하는 순간, 내가 받은 선물을 똑같이 받으실 것입니다. 꼭 그리되면 좋겠습니다.

지리산과 섬진강 곁에서
김성호

차례

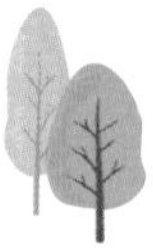

1장

4월

첫 만남, 관찰이란?

관찰은 자세히 보는 것이며
지금 이 순간부터 대충, 얼핏, 건성으로, 스쳐 지나듯 보는 것이 아니라
무엇이라도 자세히 보는 삶이 열리기를 바란다는 말로 시작해
'관찰은 결국 누군가를 사랑하는 것'이 아닐까 싶다는 이야기로 맺었습니다.

4월

첫 만남, 관찰이란?

날짜 4월 29일 일요일 10:00~16:00
장소 상당 청소년 문화의 집

참 좋은 계절입니다. 오래도록 버텼던 갈색이 녹색에 자리를 내주었습니다. 이제 제대로 푸름의 시간입니다. 이즈음 잎들은 꼭 전날의 크기만큼씩 큽니다. 나무마다 몽글몽글한 연록의 잎 모자를 쓰고 있는 모습이 상큼하며 예쁩니다. 스스로 푸르고, 스스로 향기롭고, 스스로 깊어지는 나무를 보고 있노라면 내 마음 또한 초록 빛깔로 맑아집니다.

오늘은 그리 멀지도 가깝지도 않은 곳, 청주로 이동합니다. 한 달에 한 번씩 일 년 일정으로 12명의 친구들과 자연 관찰을 하는 첫 시간입니다. 만남은 언제나 가슴을 설레게 합니다. 쑥쑥 크는 친구들과의 만남은 더욱 그렇습니다. 몇 해 만난 친구도 있고 처음 만나는 친구도 있습니다. 처음 만나는 친구는 어떤 모습일지, 벌써 여러 해 만난 친구들은 몇 달 사이에 또 얼마나 컸을지 궁금합니다. 일 년 일정을 머릿속으로 그리다 보니 두 시간 반이 훌쩍 흘러 약속 장소(상당 청소년 문화의 집)에 도착합니다.

12명의 학생과 더불어 일 년 동안 자연 관찰 일정을 시작합니다. 처음 만나는 친구는 둘입니다. 초등학생이 7명, 중학생이 5명입니다. 초등학교 4학년부터 중학교 3학년까지의 학생이 섞여 있습니다. 학년 차이가 있지만 서로 돕고 배우는 시간이 되기를 바라는 마음뿐입니다.

오늘은 12명 친구들의 부모님도 함께했습니다. 일 년 동안 무엇을 할 것이며, 어떻게 할 것인가에 대한 구체적인 안내를 했습니다. 일정도 확정했습니다. 매달 네 번째 일요일 10시에서 4시까지이며, 6월과 12월에는 1박 2일(토요일~일요일)의 일정으로 자연 관찰을 합니다. 다만 9월의 경우 네 번째 일요일이 추석 연휴와 겹치므로 세 번째 일요일로 바꾸기로 합니다. 한번 정한 일정은 바꾸지 않겠다고 했습니다. 또한 날씨가 안전을 위협할 정도가 아니라면 비가 오든 눈이 오든 거친 바람이 불든 관찰은 진행하기로 했으며, 우리 친구들과 부모님 모두 동의했습니다. 달마다 관찰 대상은 변하지만 하루의 일정은 같습니다. 오전 관찰, 오후 정리입니다. 그날 관찰한 내용은 그날 정리하여 마무리하며, 집으로 가져가지 않습니다.

첫 시간이고 처음 만나는 친구도 있어 자기소개 순서를 갖습니다. 함께 가야 하기에 서로를 알아 가는 시간입니다. 글로 쓰고 자신이 읽기로 합니다. 일 년 일정의 첫 만남, 첫 시간이라 그런지 자기소개의 글을 쓰는 모습이 무척 진지합니다.

관찰 노트와 색연필은 같은 것을 선물로 나누어 주고 시작했습니다. 각자 준비하라고 할 수 있으나 불필요한 비교를 만들 것은 없다는 생각이었습니다. 비교가 있을 것이고 경쟁도 있겠으나 건강하고 공정한 경쟁이기를 바랍니다. 서로 다릅니다. 시작의 모습이 같을 수 없습니다.

그렇기에 한 명 한 명이 어떻게 변화하는지에 관심을 두려고 합니다. 하지만 노트와 색연필만큼은 시작이 같게 해 주고 싶었습니다.

자기소개의 시간이 끝난 뒤 부모님들은 귀가합니다. 즐거운 식사 시간. 간단한 음식이지만 함께 음식을 나누는 시간은 즐겁기만 합니다. 식사를 마친 뒤 잠시 휴식 시간을 갖습니다. 탁구를 치기도 하고, 책을 보기도 하고, 음악을 듣기도 하지만 남학생들은 테이블 축구에 몰려 있습니다.

휴식 끝. 오후 일정이 시작됩니다. 관찰에 대한 나의 생각을 소개하는 시간입니다. 이렇게 정리했습니다.

관찰은

자세히 보는 것

다가서는 것

다가서서 눈높이를 맞추는 것

오래도록 기다리며 지켜보는 것

생각하며 보는 것

무엇 하나만 보는 것

결국 누군가를 사랑하는 것

관찰은 자세히 보는 것이며 지금 이 순간부터 대충, 얼핏, 건성으로, 스쳐 지나듯 보는 것이 아니라 무엇이라도 자세히 보는 삶이 열리기를 바란다는 말로 시작해 '관찰은 결국 누군가를 사랑하는 것'이 아닐까 싶다는 이야기로 맺었습니다. 각 항목의 구체적인 내용에 대해서는 내가 직접 찍은 자료 사진을 보여 주며 설명했습니다.

자연 관찰을 할 때 마음 써야 할 두 가지도 함께 전했습니다. '기록하지 않은 모든 것은 지워진다.'와 '직접 보았어도 다 본 것이 아닐 수 있으며, 직접 들었어도 그것이 처음부터 끝까지를 들은 것이 아닐 수 있다.'는, 기록의 중요성과 오류를 조심하고 언제나 겸손한 자세를 갖자는 이야기였습니다.

일부 친구들은 귀에 딱지가 앉을 정도로 들은 말입니다. 실제로 외우고 있기도 합니다. 머리에는 있다는 뜻입니다. 그러나 이제는 중심을 옮기려 합니다. 실천하고 행동하는 것입니다.

이번에는 자신이 생각하는 관찰은 무엇인지 적어 보라고 했습니다. 우리 친구들의 생각을 소개합니다.

↓ 예은(중 1)

제일 중요한 것은 인내심

↓ 재희(초 6)

관찰은 관찰 대상과 친구가 되는 것이다.

관찰을 하면 관찰 대상과 친근해지기 때문이고, 관찰 대상에게 피해를 주기 싫어지기 때문이다.

관찰, 그것이 무엇일까? 상황에 따라서 많은 것들이 될 수가 있다. 김성호 선생님은 관찰을 8가지의 것으로 생각 한다. 세상과 날 만나게 하는 힘, 자세히 보는 것, 다가서는 것, 눈 높이와 마음에 맞추는 것, 오래도록 기다리며 지켜보는 것, 생각하며 보는 것, 무엇 하나만 보는 것, 결국 무엇을 사랑하는 것과, 기록하는 것. 그 이유는 맨 처음에 무엇을 관찰하는 것은 무엇 하나를 관찰할 것을 정한 다음에 그것을 사랑하는 것이다. 그 다음엔, 그것을 보기 위해 보는 것이다. 그것을 보면, 그것에 다가가서 눈 높이와 마음에 맞추어야 한다.

그렇게 되면 본격적으로, 자세히, 생각을 하면서 본다. 마지막으로, 본 것이 영원히 기억되게 기록을 하는 것이다. 그런데, 나는 관찰이 관찰 대상과 친구가 되는 것이다. 왜냐하면, 무언갓을 관찰하면 그것이랑 친근해지기 때문이다. 또, 관찰을 하면, 관찰 대상에게 피해를 주기 싫어지기 때문이다. 이것이 바로 나와 김성호 선생님이 생각하는 관찰이다.

↓ 영제(초 6)

남이 하는 것이 아니라 내가 하는 것
집중하는 것
준비하는 것
내 마음속에 있는 빛을 찾는 것
내 마음속에 있는 빛을 보는 것
느끼는 것

내가 생각하는 관찰이란?
1. 관찰은 남이하는 것이아니라 내가하는것
2. 관찰은 집중하는 것
3. 관찰은 준비하는 것
4. 관찰은 내마음속에 있는 빛을 찾는것
5. 관찰은 내 마음속에 있는 빛을 보는것
6. 관찰은 느끼는것
7. 관찰은 생각하는 것

주연(중 1)

누군가의 말에 귀 기울이는 것

상윤(중 2)

긍정적으로 생각하며 보는 것

상준(중 3)

배우는 것

↓ 은정(초 5)

어려운 것
노력이 필요한 것
오랜 시간을 들여야 하는 것
조용한 것
끈기 있는 것
새로운 것과 만나는 것

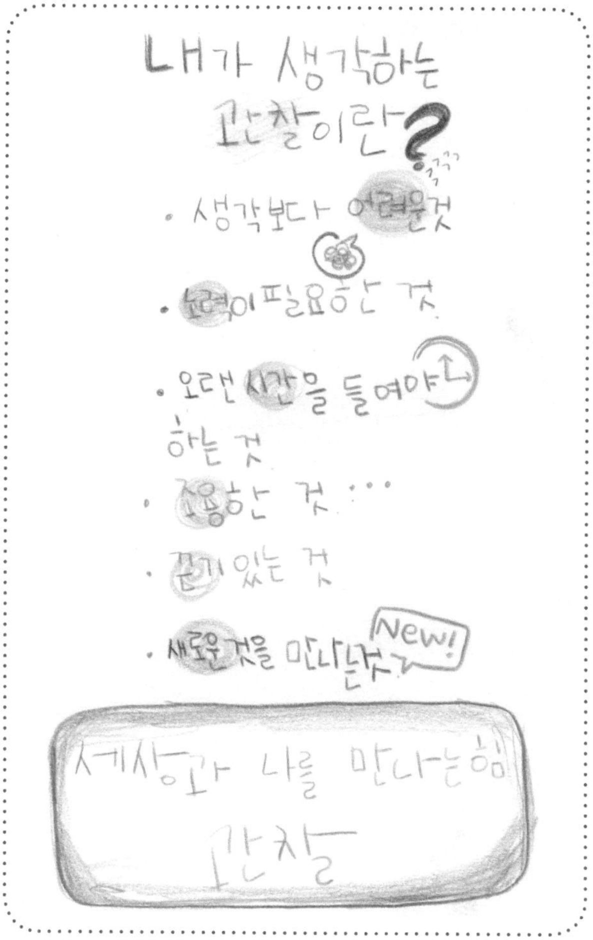

↓ 아현(초 5)

침묵하는 것
존중하는 것
배려하는 것
협동하는 것
차분한 마음을 갖는 것
정말 어려운 것
희생하는 것
자연스러운 것
누구든 할 수 있는 것
절실함이 필요한 것
절대 쉽게 되지 않는 것

관찰이란 침묵하는 것이다
관찰이란 누구든 존중 하는 것이다.
관찰이란 배려하는 것이다.
관찰이란 협동하는것이다
관찰이란 차분한 마음을 가지는것이다.
관찰이란 정말 어려운 것 이다.
관찰이란 지켜보는 것이다
관찰이란 희생하는 것이다.
관찰이란 많은 시간을 거쳐야
하는 것이다
관찰이란 자연스러운 것이다
관찰이란 누구든지 할수있는 것이다.
관찰이란 절실함이 필요한 것이다
관찰이란 절대 쉽게 되지 않는 것이다

선생님이 알려준 관찰은
① 관찰은 자세히 보는 것.
내생각: 나도 앞으로 자세히 보아야 겠다.
② 관찰은 다가서는 것.
내생각: 나도 앞으로 더 많이 다가서야 겠다.
③ 관찰은 다가서서 눈 높이를 맞추는 것.
내 생각: 나도 눈 높이를 맞추면서 관찰을 해야 겠다.
④ 관찰은 생각하며 보는것.
내 생각: 나도 생각하며 보아야 겠다.
⑤ 관찰은 오래도록 기다리면서 지켜보는 것.
내 생각: 나도 앞으로 힘들어도 오래도록 기다리면서 지켜 보아야 겠다.
⑥ 관찰은 무엇하나만 보는 것.
내 생각: 나도 나중에 무엇하나만 봐야 겠다.
⑦ 관찰은 무엇을 사랑하는 것.
내생각: 나도 무언가를 사랑해야 겠다.
⑧ 관찰은 기록해야 한다.
내 생각: 나도 안까먹게 기록하며 관찰을 해야 겠다.

내가 생각하는 관찰은
☆ 끈기 있게 그리고
인내심있게 기다리는것이다.

↑ 운성(초 4)

막내답고 사랑스럽습니다. 나의 이야기를 쓴 뒤 '나도 앞으로 ~ 하겠다.' 로 정리했습니다. 그러면서 이렇게 맺었습니다. "내가 생각하는 관찰은 끈기 있게 그리고 인내심 있게 기다리는 것이다." 믿음이 확 갑니다.

↓ 민설(초 5)

어려운 것
힘이 드는 것
누구나 할 수 있는 것
시간이 많이 필요한 것
작은 것 하나하나 다 보는 것
새로운 걸 알아 가는 것
인내심 있는 것
작은 소리 하나하나 다 듣는 것

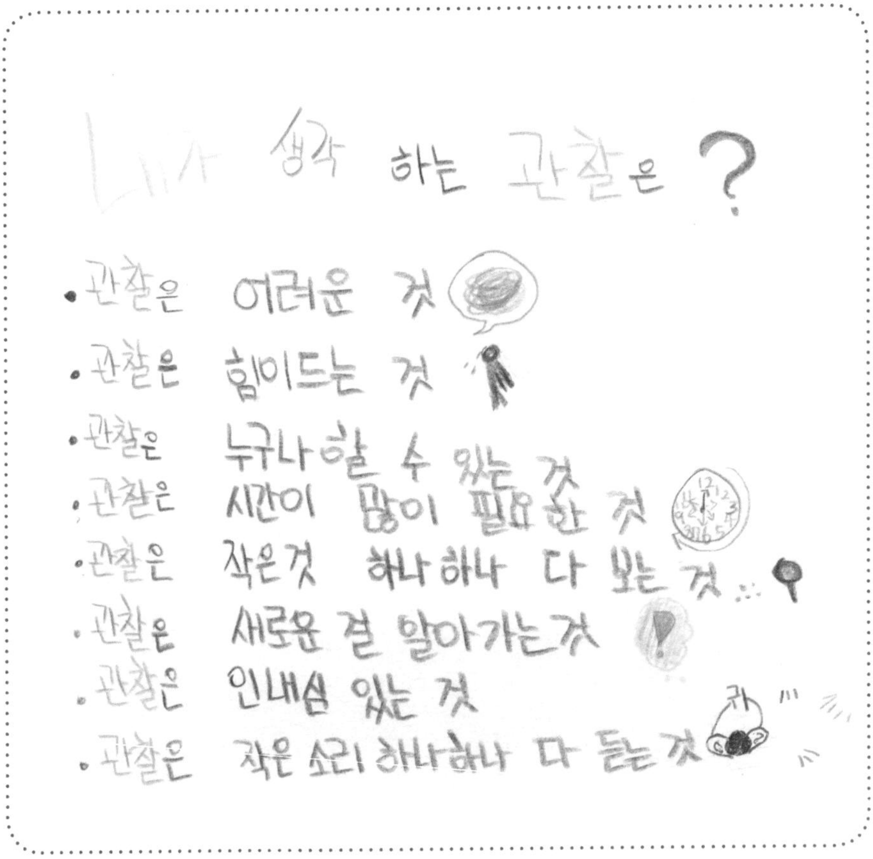

관찰에 대한 자기 생각을 20가지로 표현했습니다. 깊이가 있으며 놀라운 표현이 많습니다. 관찰에 대한 자신의 생각을 오롯이 꺼낸 다음의 표현들은 내가 배웁니다.

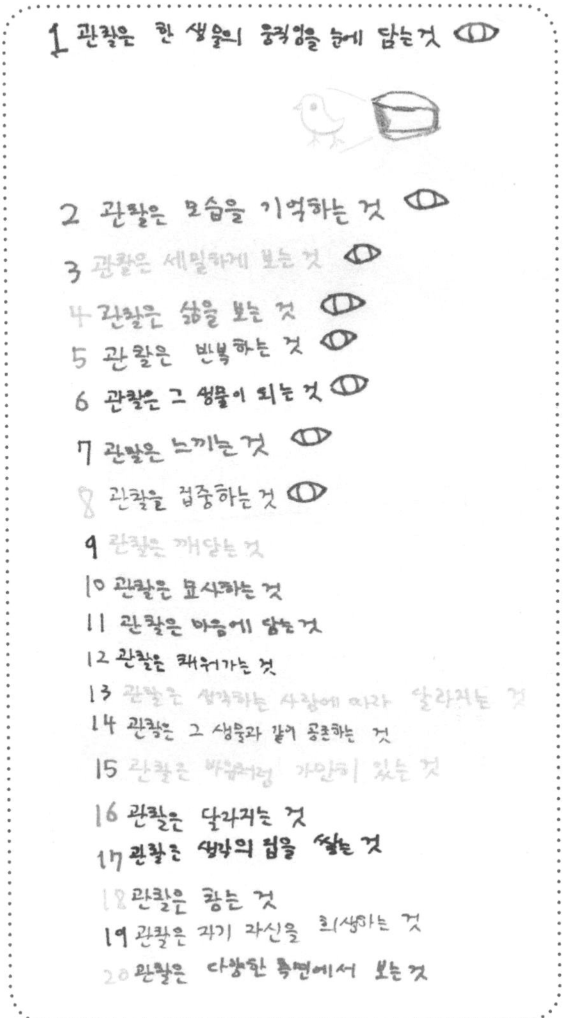
1 관찰은 한 생물의 움직임을 눈에 담는것
2 관찰은 모습을 기억하는 것
3 관찰은 세밀하게 보는 것
4 관찰은 삶을 보는 것
5 관찰은 반복하는 것
6 관찰은 그 생물이 되는 것
7 관찰은 느끼는 것
8 관찰은 집중하는 것
9 관찰은 깨닫는 것
10 관찰은 묘사하는 것
11 관찰은 마음에 담는 것
12 관찰은 채워가는 것
13 관찰은 생각하는 사람에 따라 달라지는 것
14 관찰은 그 생물과 같이 공존하는 것
15 관찰은 바위처럼 가만히 있는 것
16 관찰은 달라지는 것
17 관찰은 생각의 집을 쌓는 것
18 관찰은 참는 것
19 관찰은 자기 자신을 희생하는 것
20 관찰은 다양한 측면에서 보는 것

← 준수(중 1)

삶을 보는 것
깨닫는 것
채워 가는 것
바위처럼 가만히 있는 것
생각의 집을 짓는 것
자신을 희생하는 것
다양한 측면에서 보는 것

↓ 세원(초 6)

상상하는 것
수담(手談)을 나누는 것
무언가가 들려주는 노래에 귀 기울이는 것
무언가와 친구가 되는 것
잠시나마 그 물체가 되어 보는 것
무언가의 자서전을 보는 것
무언가의 전문가가 되는 것
만지는 것
반복하는 것

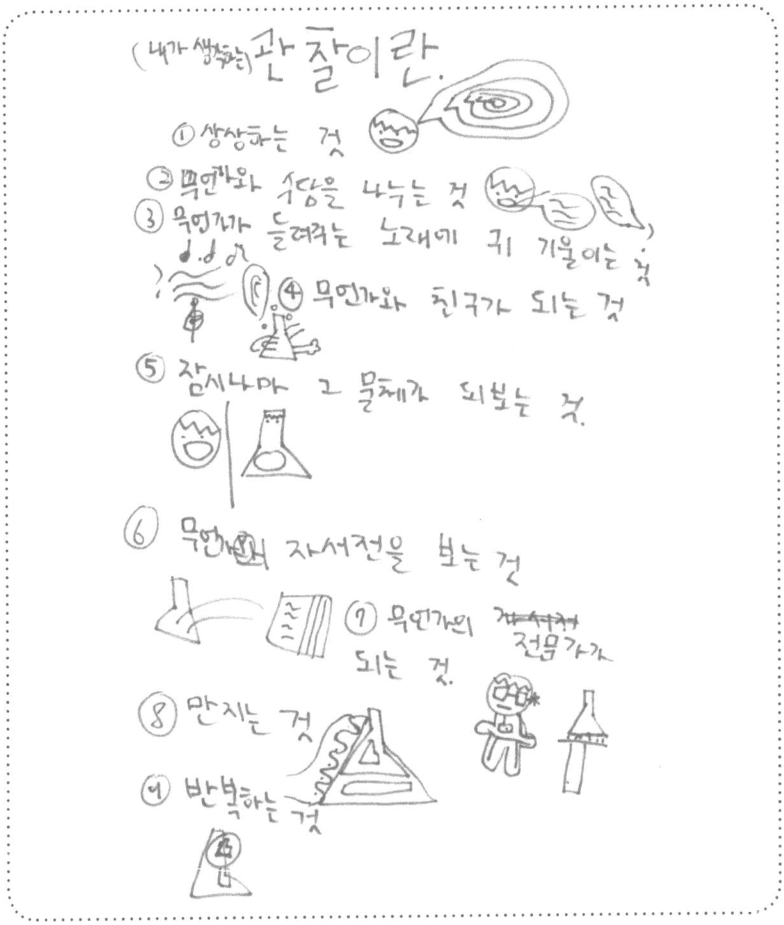

의외입니다. 단순히 비교하기 어렵지만 초등학생이 중학생보다 훨씬 더 생각이 열려 있고 표현력도 뛰어난 편입니다. 생각대로 행동하는지 여부는 어떨지 모르겠습니다.

오늘은 자기소개서를 손 글씨로 쓰고, 내가 전한 관찰에 대한 내용에 자신의 생각을 보태어 쓰고 그리는 일정으로 첫날을 맞았습니다. 진지한 모습이 인상적입니다. 앞으로도 그러한 진지함과 열심을 이어 갈지의 여부는 이제 나의 몫입니다.

2장

5월

들꽃

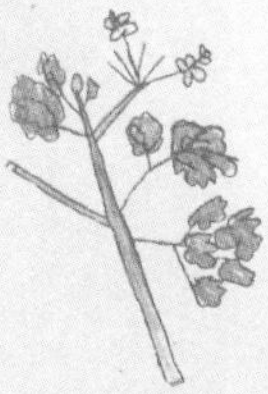

꽃을 찾아 각자 흙바닥을 천천히, 차분하게 이동하며 탐색합니다.
꽃에 다가서는 부분은 모두 훌륭합니다.
더 멋지고 기특한 모습이 있습니다.
꽃을 만난 뒤 그 높이로 눈높이를 맞춥니다.
작은 들꽃을 만난 경우 흙바닥에 엎드리는 친구들이 많습니다.
꽃 하나하나를 자세히 들여다보며 보이는 그대로
그림으로 표현하는 모습도 무척 진지합니다.

5월

들꽃

날짜 5월 27일 일요일 10:00~16:00
장소 삼일공원(우암산) 숲

새벽을 가르며 우리 친구들을 만나러 갑니다. 맑고 밝은 날씨에 덥지도 춥지도 않습니다. 관찰하기 딱 좋은 날입니다. 오늘은 꽃 관찰을 합니다. 10월에 예정된 열매 관찰과도 연결의 의미가 있습니다.

'문화의 집'에 도착합니다. 아쉽게도 두 명이 함께하지 못합니다. 한 친구는 전국소년체육대회에 출전하고 한 친구는 목감기가 심합니다. 대신 반가운 얼굴이 있습니다. 주연의 언니 소연이 함께합니다.

오늘 관찰 장소는 '문화의 집' 바로 옆에 있는 우암산 자락입니다. 걸어서 10분이 채 걸리지 않는 곳이니 들꽃을 관찰하기에 더없이 좋은 곳입니다. 꽃 관찰을 시작합니다. 길게 설명하지 않았습니다. 두 시간 동안 꽃으로 보이는 모든 것을 관찰하는 것입니다.

꽃을 찾아 각자 흙바닥을 천천히, 차분하게 이동하며 탐색합니다. 꽃에 다가서는 부분은 모두 훌륭합니다. 더 멋지고 기특한 모습이 있습니다. 꽃을 만난 뒤 그 높이로 눈높이를 맞춥니다. 작은 들꽃을 만난 경우 흙바닥에 엎드리는 친구들이 많습니다. 꽃 하나하나를 자세히 들여다보며 보이는 그대로 그림으로 표현하는 모습도 무척 진지합니다. 자

↑ 조재희 ···→ 김상준

연과 가까이 지내며 아름다운 모습을 많이 마주하는 편이지만, 아직 무언가에 몰입하는 사람의 모습보다 더 아름다운 모습을 만나지 못했습니다. 아이들이 자연에 깃들인 생명을 만나는 일에 푹 빠져 있는 모습이 정말 아름답습니다.

12시 반. 일정에 따라 산을 내려옵니다. 식사를 마친 뒤 30분 정도 휴식 시간을 갖습니다. 지난달과 똑같습니다. 탁구를 치기도 하고, 책도 보고 음악도 듣지만 남학생들은 여전히 테이블 축구에 모여듭니다.

2시. 지금부터 두 시간은 오전에 관찰한 내용을 정리하여 기록하는 시간입니다. 이 친구들이 왜 이러지…… 그리고, 쓰고, 너무 진지해서 살짝 당황스럽기까지 합니다.

1 2
3 4

1 김민설 2 정윤성
3 박상윤 4 곽은정

우리 친구들이 만난 생명

관찰한 들꽃을 그림으로 표현한 것입니다. 그림 솜씨는 저마다 다릅니다. 아직 연습이 부족한 친구도 있고, 작품 수준으로 그림을 그려 내는 친구도 있습니다. 부족하든 넘치든 모든 그림에서 자세히 보려 애쓴 열정이 느껴져 기쁩니다.

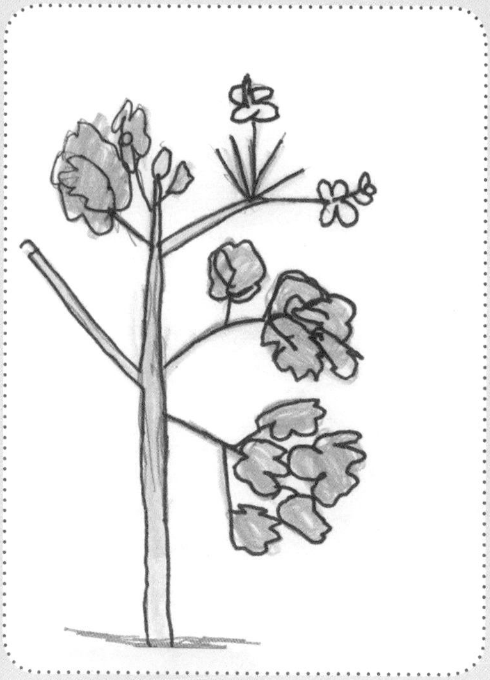

아기똥풀.

우리 친구들 생각

숲으로 들어서니 여기저기 크고 작은 들꽃이 보였습니다. 쉽게 눈에 띄는 들꽃에는 쇠별꽃, 개망초, 노루발, 민들레, 지칭개, 세잎양지꽃, 씀바귀, 고들빼기, 노랑제비꽃, 애기똥풀이 있었습니다. 줄기를 꺾으면 노란 액체가 스미는데 마치 애기 똥처럼 보여 그리 불린다는 이야기를 빼놓고는 우리 친구들에게 들꽃의 이름을 알려 주지 않았습니다. 자신이 가고 싶은 곳을 찾아갈 수 있는 다리 힘을 키우고 싶은 심정입니다. 우리 친구들도 답답하고 나 또한 답답하더라도 쉽게 알려 주는 것은 참으려 합니다. 쉽게 안 것, 그 속도로 잊힐 테니까요.

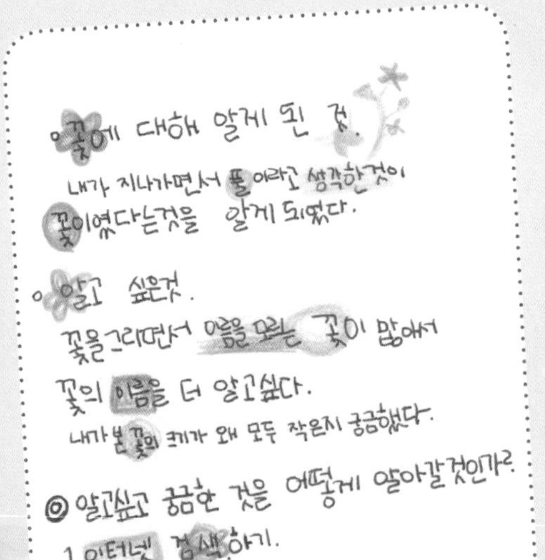
ㅇ 꽃에 대해 알게 된 것.
내가 지나가면서 풀 이라고 생각한 것이
꽃이였다는것을 알게 되었다.

ㅇ 알고 싶은것.
꽃을그리면서 이름을 모르는 꽃이 많아서
꽃의 이름을 더 알고싶다.
내가 본 꽃의 크기가 왜 모두 작은지 궁금했다.

◎ 알고싶고 궁금한 것을 어떻게 알아갈것인가?
1. 인터넷 검색 하기.
2. 백과사전 찾아보기.

꽃을 관찰하며 느낀 점과 알게 된 것을 글로 쓰는 시간입니다. 가장 궁금해하는 것은 자신이 관찰한 들꽃의 이름을 알고 싶어 하는 것이었습니다. 알고 싶어 하는 것에서 그치지 않고 찾아보겠다고 하니 꼭 그리하면 좋겠습니다.

살아있는 보석 꽃

나는 오늘 꽃을 관찰했다. 원래 꽃에 대해 그리 신경 쓰지 않아서 그리 자세히 관찰을 안 했는데, 이제 관찰 해보니까 꽃들이 아주 신기했다. 나는 꽃들을 관찰하고 그리니까, 꽃들에 대해 아는 것들이 새롭게 생겼다. 내가 꽃들을 보니까 생각보다 많은 벌레들이 꽃들이랑 같이 공생 관계를 맺는다는 것이다. 그리고 또, 꽃들이 화려한 색깔만 있는 줄 알았는데, 화려하지 않은 색깔도 섞여 있다는 사실을 배웠다.

나는 이 사실들을 아니까 꽃에 대해 더욱 더 궁금해졌다. 나는 왜 꽃은 움직이지 않고, 왜 꽃들은 종류별로 색깔이 다른 이유를 알고 싶었다. 또, 맨 처음 꽃들은 어떻게 보였는지 궁금해졌다. 하지만, 나의 제일 큰 궁금증은 어떻게 꽃이 공기, 물과 햇빛을 영양분으로 만들게 진화했는지도 궁금했다.

나는 이렇게 궁금한게 많다. 하지만 난 이렇게 궁금한 점의 답이 없다. 하지만 난 답을 찾아낼 것이다. 나는 인터넷에서 찾아내거나 책을 읽어서 찾아낼 것이다.

" 나는 왜 꽃은 움직이지 않고,
왜 꽃들은 종류별로 색깔이 다른 이유를 알고 싶었다. "

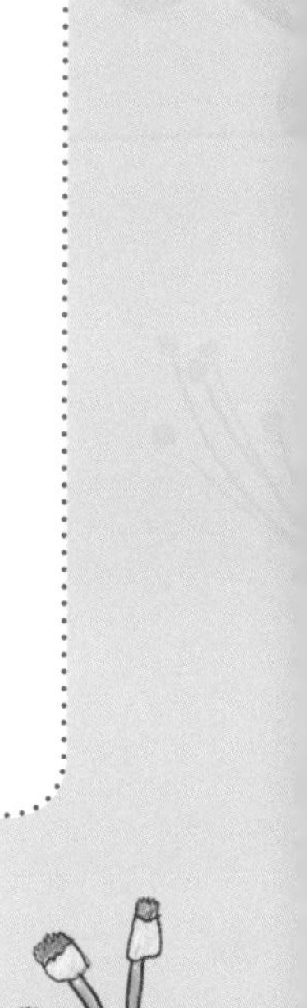

초등학교 4학년 막내는 이렇게 적었습니다. 꽃도 사람처럼 생각이 있다는 표현을 했습니다. 게다가 꽃도 아무 데서나 자라지 않는 것을 알았다고 합니다.

꽃에 대해 알게 된 점은...
꽃도 사람처럼 생각이
있다는 것이다. 그리고 꽃도
아무대나 자라지 않는 걸
알았다.

꽃에 대해 알고 싶은 점은...
꽃의 종류는 몇 종류 일까다.
꽃도 돌연 변이가 있는지도
알고 싶다.

꽃에서 전에는 몰랐던 묘한 감정을 느꼈고, 그래서 그 묘한 감정을 더 깊이 느끼기 위해 지금까지 본 적이 없는 꽃조차 보고 싶어졌다는 친구도 있습니다.

꽃에 대해 알게된것 전에는 몰랐던 묘한 감정들이 들어났다.
슬픈감정 외로운 감정 기쁜감정 편안한감정 등등 꽃을 하나하나
볼때마다 다른 감정과 생각이 들었다 평소 꽃을 무심코
지나쳤다 하지만 오늘이후로 꽃을 단순한 자연이라고
생각하기 보다. 하나의 감정이라고 생각하게 되었다.
알고 싶은것 새로운 꽃 지금까지 본적없는 꽃을 보고싶다.
더욱더 많이 보고 꽃에 대해 알아가고싶다.
적어도 하루정도는 산속에 들어가서 많은것들을
사진찍고 보고 만지고 집에와서 인터넷을 찾고
그 꽃들의 느낌을 알아갈것이다.

↓ 꽃의 색깔과 크기에 특별한 시선을 둠은 물론, 아주 작은 꽃잎의 숫자까지 센 친구가 있습니다.

대부분의 꽃이 노란색, 흰색, 빨간색 계열이였다.
꽃들의 손가락 마디 하나 크기를 넘지 않는 작은 꽃들이었다.
꽃들중 괴불꽃이라는 이름의 꽃은 꽃잎이 2개씩 세트. 5개. 총 10개였다
혹은 2개가 한쌍 5쌍인지. 이런식

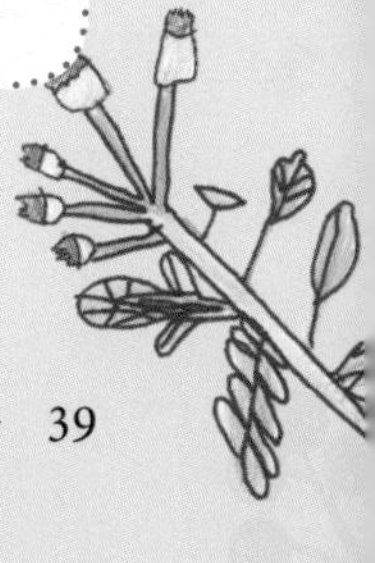

씨앗에서 처음 나온 싹을 떡잎이라고 합니다. 벼를 심으면 한 장으로 된 떡잎이 길쭉한 모습으로 솟아오릅니다. 콩을 심으면 양쪽 손으로 턱을 괴는 모습으로 두 장의 떡잎이 나옵니다. 꽃과 열매를 맺는 종자식물 중, 나중에 커서 씨앗이 될 밑씨가 씨방 안에 들어 있는 속씨식물은 이처럼 한 장의 떡잎을 내거나 두 장의 떡잎을 냅니다. 물론 수많은 식물을 관찰하여 알게 된 사실이며, 외떡잎식물과 쌍떡잎식물이라 부릅니다.

외떡잎식물의 떡잎 한 장이 자라면서 잎의 형태를 갖춰 갑니다. 그 잎맥을 자세히 보면 하나같이 길이로 평행한 모습입니다. 쌍떡잎식물의 잎맥은 모두 그물 모양입니다. 물론 자세히 본 결과입니다. 알고 싶은 마음은 그것에서 멈추지 않습니다. 땅속에 묻혀 보이지도 않는 뿌리를 자세히 본 사람이 있습니다. 그 결과 외떡잎식물의 뿌리는 수염뿌리이며, 쌍떡잎식물의 뿌리는 하나의 뿌리가 곧게 뻗어 내려간다는 사실을 알게 됩니다.

외떡잎식물도 쌍떡잎식물도 햇살을 받으며 쑥쑥 커 마침내 꽃이 핍니다. 그 꽃 역시 허투루 보지 않고 꼼꼼히 살펴본 사람이 있습니다. 그래서 외떡잎식물의 꽃잎은 3장 또는 3의 배수, 쌍떡잎식물의 꽃잎은 4~5장 또는 그 배수로 나타난다는 것을 알게 됩니다. 3과 4의 최소공배수는 12이며, 3과 5의 최소공배수는 15이지만 꽃잎이 12장 넘게 나는 경우는 없으니 이 원칙이 충돌할 일은 없습니다.

쉽게 볼 수 있는 꽃잎뿐만 아니라 그 안의 암술과 수술의 숫자까지 더 자세히 관찰한 사람마저 있습니다. 이를 통해 암술과 수술의 개수와 배치 역시 아무렇게나 되어 있지 않고 질서가 있다는 것을 알게 됩니다. 그 질서는 식물을 분류하는 중요한 기본 틀이 됩니다. 우리 친구들이 이런 모습으로 커 주기를 바라는 마음입니다.

긴급 안건

자연 관찰 첫날, 각자 들꽃을 관찰한 뒤 보고 느낀 것을 글과 그림으로 표현하는 시간이었습니다. 저마다 재능이 다릅니다. 그림을 잘 그리는 친구가 있고 글을 잘 쓰는 친구가 있습니다. 둘 다 갖추면 좋겠지만 대체로 어느 한쪽에 치우치는 경우가 많습니다. 둘 다 부족한 경우도 있습니다. 우리 친구들이 서로의 부족함을 채울 이웃의 필요성을 느껴 모둠 활동을 하자고 제안합니다. 모두 찬성입니다. 나 역시 기다리던 바이기도 합니다. 구체적인 사항은 우리 친구들끼리 정합니다.

1 모둠 예원(중 1), 세원(초 6), 민설(초 5)

2 모둠 상윤(중 2), 주연(중 1), 윤성(초 4)

3 모둠 상준(중 3), 재희(초 6), 아현(초 5)

4 모둠 준수(중 1), 영제(초 6), 은정(초 5)

오늘 동행하지 못한 두 친구는 본인의 뜻이 반영되지 않은 채로 모둠이 결정되었습니다. 어떨지 모르겠습니다.

3장

6월

물속에 사는 생물 1

_만날 수 있는 모든 것

제목을 정하기까지 꽤 긴 시간이 흐릅니다.
'물에 사는 생물'이라는 제목을 주었지만 모둠끼리 머리를 맞대고
토론하여 더 좋은 제목을 찾기를 바란다고 했더니 벌어진 일입니다.
하지만 참고 기다립니다. 모둠끼리 토론하는 모습이 참으로 사랑스럽습니다.
자기 생각을 고집하느라 더러 큰 소리가 나기도 하지만
'오빠, 누나, 언니, 형' 하며 서로를 부르는 소리가 정겹습니다.

6월

물속에 사는 생물 1

만날 수 있는 모든 것

날짜 6월 23일 토요일 10:00~6월 24일 일요일 13:30
장소 충청북도자연학습원

오늘은 '자연학습원'으로 향합니다. '문화의 집'보다 조금 더 먼 곳입니다. 1박 2일의 일정. 이제 모둠도 정해졌고 서로를 아는 것이 가장 중요할 때입니다. 마침 1박 2일의 일정이니 잘 되었습니다. 밖, 특히 물가에서 이틀을 보내는 것이라 더욱 정신을 가다듬습니다.

어느 틈에 벌써 여름입니다. 아침인데도 창문을 타고 들어오는 바람이 후끈할 정도입니다. 시내를 벗어나 좁은 국도로 한참을 지납니다. 목적지는 꽤 멀리 있는데 구불구불한 산길로 들어섭니다. 푸름이 깊어진 울창한 산길을 지나니 더운 기운도 훨씬 덜합니다. 오늘 그리고 내일, 비가 올 확률은 0이라는 일기예보가 있습니다. 다행입니다.

오늘 일정은 이렇습니다.

10:00~12:00	관찰	18:00~19:00	저녁
12:00~13:00	점심	19:00~21:00	관찰 정리
13:00~14:00	휴식	21:00~23:00	대화의 시간 및 간식
14:00~17:00	관찰	23:00~	꿈나라 여행
17:00~18:00	씻기		

이틀에 걸쳐 물속에 사는 생물을 관찰합니다. 주요 채집 대상은 하루살이 종류와 잠자리 종류의 유충으로 대표되는 물속에 사는 곤충(수서곤충), 다슬기를 비롯한 연체동물, 어류, 양서류입니다. 수서곤충은 물속 돌에 붙어 있는 경우가 많기 때문에 물에서 돌을 꺼내 그릇에 두고 물로 살살 씻으며 찾는 방법을 따릅니다. 더 정확한 방법은 물 대신 알코올로 씻어 채집한 다음 포르말린 용액에 담가 고정시킨 뒤 관찰하는 것입니다. 움직이지 않으니 관찰하기 좋습니다. 하지만 수서곤충이 죽기 때문에 피하기로 했습니다. 어류 채집은 유인망과 족대 두 가지를 이용하여 채집합니다.

모둠별로 기세등등하게 채집에 들어갑니다. 하지만 예상을 벗어나지 못합니다. 30분 정도가 지나니 채집과 관찰은 자연스레 물놀이로 바뀝니다. 약속을 마련합니다. 30분 관찰,

30분 물놀이를 오가며 지키기로 합니다.

관찰을 이끄는 것도 그렇지만 맏형이자 맏오빠인 상준의 모습은 기특하기만 합니다. 모둠은 말할 것도 없고 모든 동생들을 챙기느라 정신이 없습니다. 이끼 낀 바위가 많아 또 조심해야 하는 곳이기는 합니다. 그렇더라도 나와 함께 우리 친구들의 안전을 챙기는 세 분의 선생님이 더 계십니다. 게다가 더운 날, 자신도 물속에 들어가 놀고 싶을 텐데 "위험해!, 위험해~"를 외치며 동생들을 챙기느라 땀을 줄줄 흘리며서 있습니다.

관찰보다는 물놀이의 성격이 더 강했던 관찰과 채집 일정이 끝납니다. 덕분에 모둠은 전체가 무척 친해졌습니다. 조금 위험한 곳도 있었는데 다치지 않은 것에 감사한 하루였습니다. 물에서 하루 종일 살다시피 했으니 몸을 깨끗이 씻는 것이 중요합니다. 씻을 시간은 넉넉히 주었습니다.

모든 일정은 계획대로 약속을 지켜 진행합니다. 식사 후 휴식 시간을 가진 뒤 7시 세미나실로 모입니다. 오늘 하루를 돌아보며 정리하는 시간입니다. 관찰 일기의 제목을 정한 다음 준비 과정과 관찰 방법을 기록하고, 관찰한 것을 그리는 정도까지만 하기로 합니다. 채집한 생명체들도 다시 물에 돌려주어야 합니다. 작은 수조에서 내일까지 버티기 힘듭니다. 채집한 생명이 무엇인지, 그리고 물속에 사는 생명을 만나며 어떤 생각이 들었는지에 대해서는 내일 오전에 차분히 정리하기로 합니다.

모둠 활동. 이제는 자기 뜻대로만 할 수 없습니다. 생각을 모으고 마음도 모으고 손길도 모아야 합니다. 그리고 모든 것은 토론으로 결정합니다. 서로 생각이 달라 무엇을 결정하기까지 많은 시간이 소요되지만 그래도 잘 꾸려 갑니다.

제목을 정하기까지 꽤 긴 시간이 흐릅니다. '물에 사는 생물'이라는 제목을 주었지만 모둠끼리 머리를 맞대고 토론하여 더 좋은 제목을 찾기를 바란다고 했더니 벌어진 일입니다. 하지만 참고 기다립니다. 모둠끼리 토론하는 모습이 참으로 사랑스럽습니다. 자기 생각을 고집하느라 더러 큰 소리가 나기도 하지만 '오빠, 누나, 언니, 형' 하며 서로를 부르는 소리가 정겹습니다. 드디어 결정된 모양입니다.

〈물에 사는 친구들/ 수중생물과 함께/ 우리의 수중생물/ 수생 생태계, 물속의 보물〉입니다.

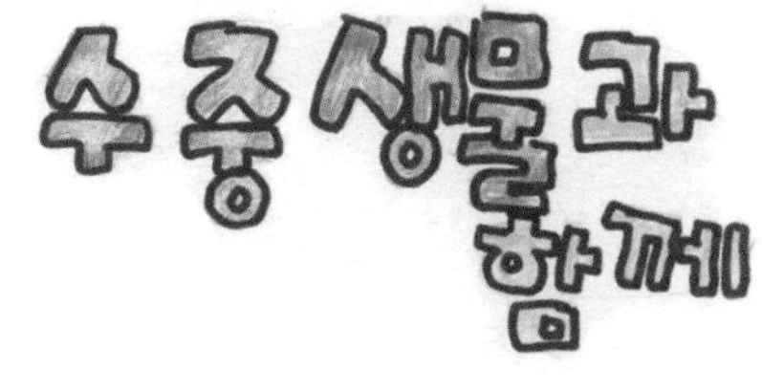

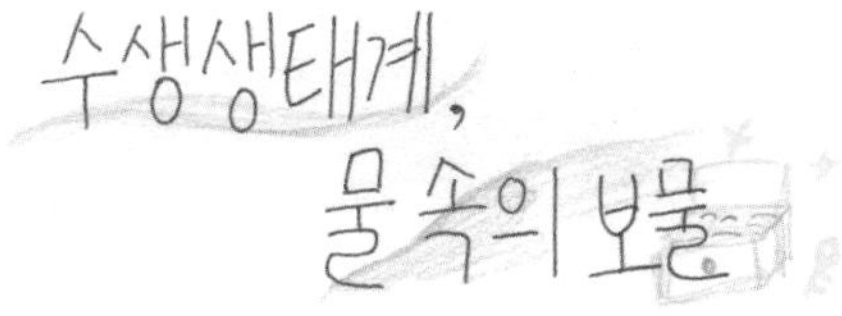

제목이 정해진 뒤로도 토론은 이어집니다. 누가 글씨를 쓸 것인가? 그림은 무엇을 그릴 것이며, 누가 어떤 그림을 그릴 것인가? 등등 모둠마다 크게 다르지 않은 과정이 벌어집니다. 벌써 아이들은 누가 무엇을 잘하는지 알고 있습니다. 그렇더라도 한쪽으로 치우치지 않았으면 좋겠는데 다행히 그림을 잘 그린다 하여 그림만 그리거나 글씨를 잘 쓴다 하여 글씨만 쓰거나 하지 않습니다. 잘하는 것을 하되 너무 치우치지 않게…… 그래서 글이 부족한 친구는 글을 더 써 가며 글을 키우고, 그림이 부족한 친구는 그림을 많이 그리며 그림을 키우고, 생각은 서로 나누며 자라기를 바라는 마음입니다. 우리가 꿈꾸는 것은 좋은 의미의 변화라는 것을 잊지 않은 것 같아 고맙습니다.

1 2
3

1 이영제 2 조세원
3 김아현·김상준

저녁 9시. 관찰 일기의 제목, 전체 흐름, 자신의 역할을 정하고 오늘 채집한 생명들을 그림으로 표현하는 일정이 끝납니다. 관찰한 생명을 다시 물에 돌려주는 것까지 마쳤습니다. 오늘 하루 집을 떠나 생활하는 자녀를 걱정할 부모님들이 생각납니다. 단체 카톡 방에 편지를 씁니다. 전송. 이제 한숨 돌리며 내일 일정을 챙겨 봅니다.

07:30~08:00	일어나 씻기
08:00~09:00	아침
09:00~10:30	산책과 대화
10:30~12:30	관찰 일기 완성
12:30~13:30	점심, 집으로

무척 고단한 가운데서도 일찍 눈이 떠집니다. 이른 시간이지만 어둠은 어느 정도 물러선 시간이라 계단을 내려가 숲으로 향합니다. 계단 몇 개 내려서면 숲이고, 숲 바로 옆으로는 널찍한 하천을 따라 맑은 물이 흐르며 하천 너머로는 높은 산이 둘러서 있는 멋진 곳입니다. 아직 어둠이 남아 있건만 새들은 이미 하루를 맞을 준비를 다 마치고 예쁜 소리로 노래합니다. 꾀꼬리는 은쟁반에 옥구슬 구르듯 맑은 소리로 노래하고, 허허허허·허허허허 소리를 내 허허새라고도 불리는 검은등뻐꾸기 소리도 숲에 울려 퍼집니다. 되지빠귀 또한 꾀꼬리 못지않게 청아한 소리로 노래합니다. 꽃만 향기가 있는 것은 아닙니다. 풀들이 뿜어내는 싱그러운 향기도 만만치 않습니다. 좋은 아침입니다.

이제 일어날 시간입니다. 잠이 덜 깬 아이들의 모습이 무척 귀엽습니다. 키가 큰 월계수 나무 아래를 지나 식사 장소로 향합니다. 이파리를 손으로 비비지 않았음에도 달콤한 냄새가 길을 덮습니다. 슬쩍 지나는 바람이 그랬나 봅니다. 함께하는 세 번째 식사. 여전히 즐겁습니다.

식사를 마친 뒤 학습원 뒤편의 산책로를 걷습니다. 울창한 숲 사이에 자리 잡은 널찍하고 평탄한 길입니다. 거창하게는 잔잔한 사유의 시간으로 삼은 것인데 뜻대로 되지 않습니다. 바로 포기합니다. 그냥 함께 같은 길을 걷는 좋은 시간 정도로 만족합니다. 조잘조잘, 조잘조잘…… 우리 친구들이 한적하고 아늑한 숲길을 더불어 거닐며 재잘거리는 소리가, 마침 들리는 휘파람새의 아름다운 소리 못지않습니다.

지난달 꽃을 관찰해서 그런지 꽃에 관심을 두는 친구가 많아졌습니다. 시기도 그렇거니와 우암산보다 자연환경이 우수하며 잘 보존된 곳이라 하늘나리, 땅나리, 골무꽃을 비롯해 특별한 꽃들이 많이 피어 있기도 합니다. 버섯을 만날 때마다 그 앞에 잠시라도 멈추는 일이 잦아졌습니다. 풀과 나무와 버섯 사이를 오가는 곤충에게도 전보다 더 오래 시선을 둡니다. 재잘거리는 중에도 그렇습니다. 이런 시간들이 쌓이며 세상의 그 무엇에라도 조금 더 다가서서 자세히 보는 힘이 깊고 단단해지기를 바랄 뿐입니다. 돌아오는 길에는 한창 사춘기를 지나는 영제의 손을 잡고 걸으며 둘만의 대화를 합니다.

둘째 날 아침, 산책로 끝자락에서

10:30~12:30 관찰 일기 정리

어제는 관찰 일기의 제목을 정하고, 준비 과정과 관찰 방법을 구체적으로 쓰고, 채집한 생명을 꼼꼼히 관찰한 뒤 그림으로 기록하는 일까지 했습니다. 오늘은 채집한 생명이 누구인지 확인하고, 특징을 기록하고, 느낀 점을 보태 관찰 일기를 마무리하는 시간입니다. 채집 종의 동정(同定, 생물의 분류학상의 소속이나 명칭을 바르게 정하는 일)을 위해 휴대폰의 사용을 허락합니다.

우리 친구들이 만난 생명

훌륭합니다. 동정을 잘못한 것은 있습니다. 정확히는 많습니다. 굳이 문제 삼을 필요는 없겠습니다. 알아 가는 과정이 어떻다는 것을 체험하는 것으로 충분하다 싶습니다. 지금으로서는 아무것도 없어 보이는 그곳에 각양각색의 수많은 생명이 살아 숨 쉰다는 사실을 가슴으로 느끼는 것이 더 중요하다 여깁니다. 채집 종 가운데 어류가 빈약합니다. 제 탓입니다. 유인망이 어류 채집의 가장 손쉬운 방법인데, 안에 넣을 떡밥을 미리 준비하지 못했습니다. 다행히 가까운 곳에서 구할 수 있어 구입했건만 너무 오래되어 집어력이 떨어졌습니다. 또한 유인망 설치 장소마저 적절치 않았습니다.

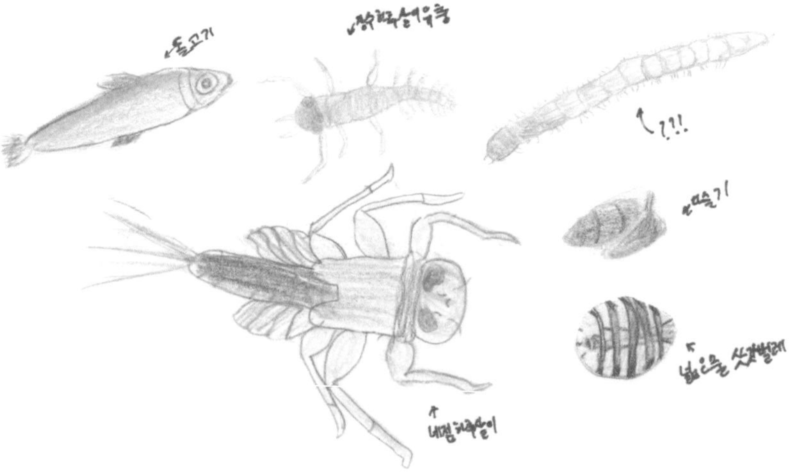

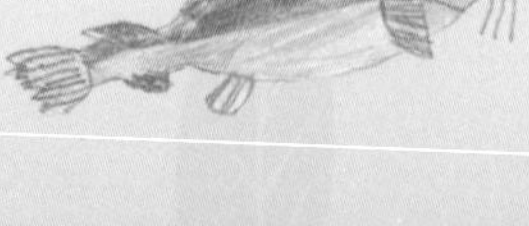

참 개구리

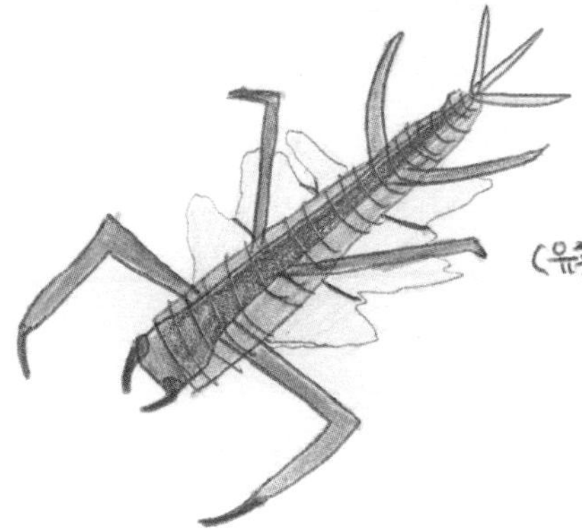

(유충) 중부채 하루살이

-크기: 약 2cm

-관찰한 특징: 날개같은 막이 있음, 대체적으로 어두움, 뿔과 집게가 달려있다.

- 알게된점: 뿔이 없을 줄 알고 보고 있었는데 하루살이 유충이 뿔을 갖고 있어 놀라웠다.

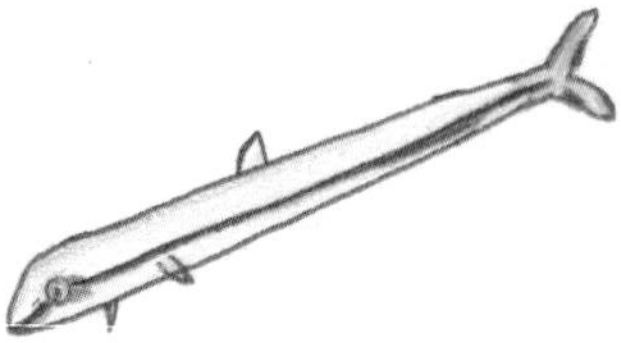

돌고기 새끼
(가사리)

-크기: 약 1~2.5cm

-관찰한 특징: 검은 줄무늬가 있음
눈 옆에 빨간 점(?)이 있음

-알게된 점: 돌고기 새끼가 이렇게 작고 색이 밝은지 몰랐다.

-알고 싶은 점: 눈옆의 빨간점이 무엇인지 알고싶다

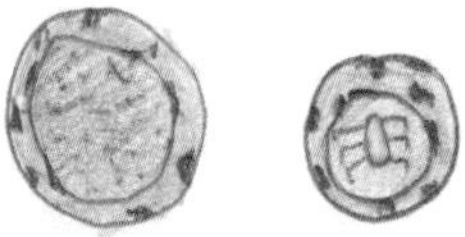

넓은 물 삿갓 벌레

-크기: 약 1cm 안

-관찰한특징: 가장자리에 검은 얼룩이 나 있음
본체는 밑바닥에서 기어다님(꽤 빠르다)

-알게된 점: 위에부분이 본체가 아닌 껍데기와 비슷한 껍질이라는 것

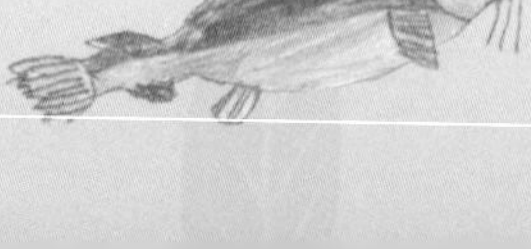

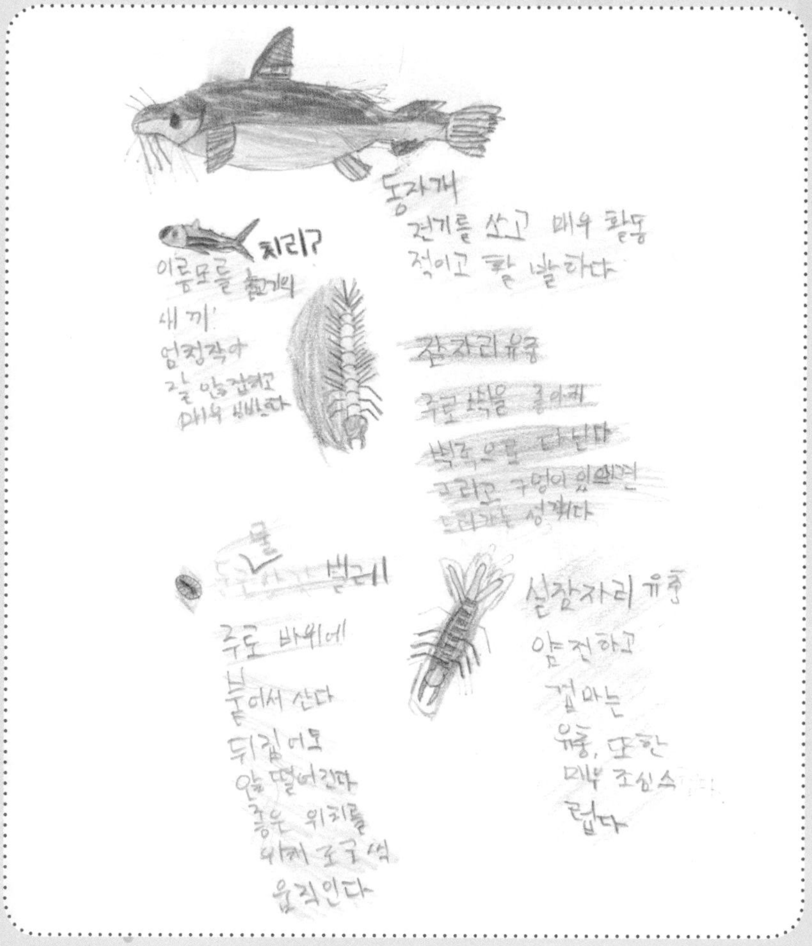
동자개
전기를 쏘고 매우 활동
적이고 활발하다
치리?
이룸모를 물고기의
새끼
엄청작아
잠자리 유충
그리고 구멍이 있으면
드러가는 성격이다
벌레
주로 바위에
붙어서 산다
뒤집어도
안 떨어진다
좋은 위치를
위해 조금씩
움직인다
실잠자리 유충
얌전하고
겁 많은
유충, 또한
매우 조심스
럽다

개구리
점프를 뛸때 다리를 접었다가 핀다. 다리에 줄무늬가 있다.

다슬기

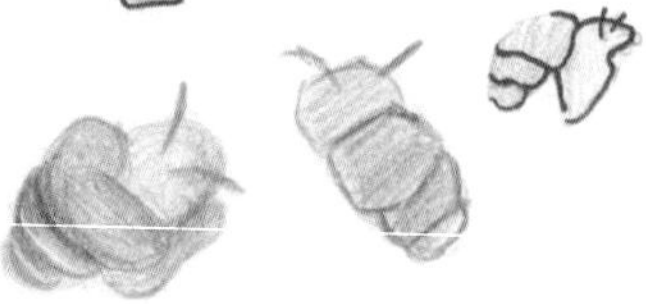

껍질이 딱딱하며 동그랗다. 더듬이 한 쌍이 있으며 벽에 붙어 천천히 이동한다. 바위에 많이 붙어있다.

수채

빠르게 이동하며 다리가 많다. 특히 맨 앞 다리가 가장 크다.

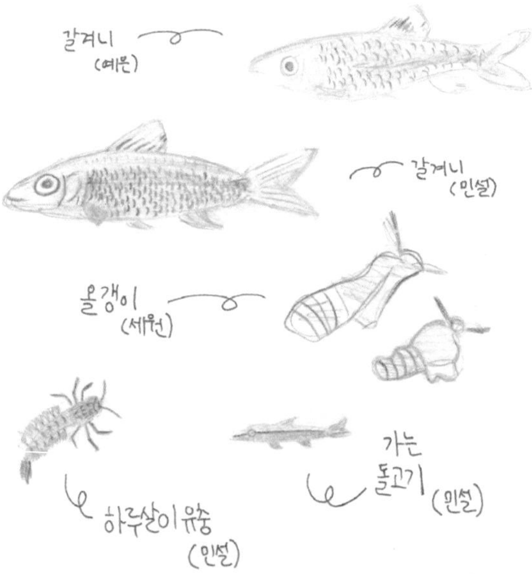

우리 친구들 생각

가장 궁금하고 관심이 있었던 부분은 우리 친구들이 물속에 사는 생명을 찾아 만나며 무엇을 느꼈는가 하는 점이었습니다. 기대가 너무 컸나 봅니다. 살짝 실망스럽습니다. '신기했다'와 '좋았다'가 대부분입니다. 뭔가 더 쓸 것이 있었을 텐데 하는 아쉬움이 남습니다. 하지만 돌이켜 보니 대학에 들어가 첫 생물 실험 관찰 일기를 쓰며 마지막 부분인 느낀 점에 나 역시 '신기하고, 놀라우며, 좋았다'는 말을 썼던 기억이 납니다. 초등학생과 중학생에게 내가 너무 많은 것을 바라고 있는 것은 아닌지 스스로 물었습니다. 너무 낮출 것은 없겠으나 너무 높일 것도 없겠다 싶습니다.

↓ 싫어했었는데 무섭지 않아졌다고 합니다.

나는 원래 수중 벌레를 보면 징그럽거나, 거머리처럼 피를 빨아 먹을 것 같아서 싫어했는데, 이젠 좀 더 알아나보니 이젠 무섭지 않고 신기했다.

↓ 자세히 관찰하는 것이 좋고 즐거웠다는 표현이 많습니다.

물에 들어가는 게 힘들긴 했지만 기존에 알고 있던 수중생물이 아닌 새로운 수중 생물을 관찰해서 좋았다.
또 한번 보고 지나가기 보다 자세히 관찰해서 더 좋았던 것 같다.

저희는 이 관찰을 통해 무심코 지나쳤던 수생생물에 대한 심층있는 관찰과 덤으로는 우정, 그리고 즐거움이라는 대어를 낚았습니다.

↓ 깨끗한 환경에 대한 중요성을 강조한 친구들이 있습니다. 같은 모둠입니다. 토론을 하며 생각을 공유했나 봅니다.

지금처럼 계곡이 깨끗했으면 좋겠고, 수생생물들이 잘 살수 있도록 깨끗한 환경을 만들도록 노력할 것이다.

수생생태계의 보물이라는 제목처럼 수생생태계의 보물을 지키려면 쓰레기와 오염물질을 버리지 않았으면 좋겠습니다.

↓ 처음 모둠 활동을 하다 보니 놓친 것들이 있습니다. 준비물입니다. 또한 고정액을 준비하면 좋겠다는 의견입니다.

저희는 오늘 관찰을 했을 때 아쉬운 점이 있었습니다. 그것은 종류가 다양하지 않다는 점입니다. 저희가 생각했을 때 그 이유는 장비 즉 아이템들이 많이 없었기 때문입니다. 그래서 저희는 더 좋은 장비로 물고기 채집함을 준비해 다음엔 더 많은 종의 수생생물을 채집하고 싶습니다. 그리고 다음으로 챙겨야 할 도구는 고정액입니다. 예를 들어 모델이 가만히 있어야 화가가 잘 그릴 수 있기에 필요하다 생각합니다. 그렇다고 그림의 대상이 모델이 아니라는 것입니다. 어찌하든 저희는 그림을 쉽게 그릴 수 있게 고정액을 준비하면 좋을 것 같습니다.

고정액을 사용하지 않을 것이며, 그 이유를 똑똑히 말했지만 새겨듣지 못했나 봅니다. 다시 상세히 설명해 주었습니다.

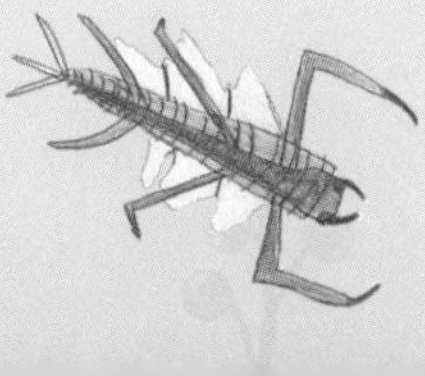

나의 마음과 바람

"보이지 않는 곳에도 생명은 무수히 많다. 겉으로 보이는 것이 전부가 아니다. 멀리서 보는 것과 다가서서 보는 것은 다르다. 밖에서 보는 것과 안에서 보는 것은 또한 사뭇 다르다. 공중을 나는 잠자리와 하루살이의 애벌레가 물속에서 사는 것을 확인했다. 잠자리가 물에 꼬리를 열심히 담그며 알을 낳는 모습을 본 적이 있을 것이다. 해질 무렵 하루살이 역시 물에 알을 낳는다. 그 결과다. 잠자리와 하루살이뿐만이 아니다. 수많은 육상 곤충이 어린 시절을 물속에서 보낸다. 물과 뭍은 따로따로가 아니라 하나이다. 물이 살아야 뭍이 살며, 뭍이 살아야 물이 산다. 땅에 발을 딛고 산다 하여 땅만 볼 것이 아니다. 보이지 않을 뿐 생명은 모두 어떠한 형태로든 서로 연결되어 있다."

탈 없이 지난 이틀에 감사하며 먼 길 또 이동합니다. 우리 친구들의 안전 때문에 내내 긴장하고 있었기에 일정이 끝나며 한순간에 몰려오는 고단함을 밀어내기 벅찹니다. 졸음쉼터에서 잠시 눈을 붙인다는 것이 한 시간이나 잠들고 말았습니다. 5시 즈음 집에 도착해 우리 친구들과 부모님께 보내려던 편지가 한 시간 늦어졌습니다.

4장

7~8월

물속에 사는 생물 2, 3
_물고기 중심으로

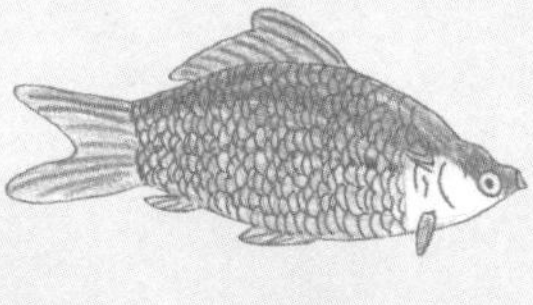

두 번에 걸쳐 어류 관찰을 한 장소는
우리 친구들이 날마다 지나는 무심천입니다.
눈길 한 번 제대로 주었을지 모르겠습니다.
날마다 지나는 하천이지만 그 속으로 다가서지 않으면
아무것도 알 수 없으며, 하천은 그냥 물만 흐르는 곳이 아니라
뭇 생명이 깃들인 공간이라는 것을 느끼게 해 주고 싶었습니다.

7월

물속에 사는 생물 2

물고기 중심으로

날짜 7월 29일 일요일 10:00~16:00
장소 무심천 청남교 일대

폭염 또 폭염. 정말 엄청납니다. 날마다 최고 기온 기록을 갈아 치우고 있습니다. 지난달에도 물, 오늘도 물입니다. 자연에 귀하지 않은 것이 있으랴만 그중에 물이 으뜸이라 생각합니다. 물의 소중함을 우리 친구들이 가슴으로 받아들여 주기를 소망하며 오늘도 물과 물속 생명을 탐색합니다. 수생생물에 대해서는 앞으로도 두 번 더 관찰하려고 합니다. 추워지면 수생생물 관찰이 어려워집니다.

관찰 장소는 청주 시내를 흐르는 무심천으로, '문화의 집'에서 5분 거리입니다. 지난달에는 수생생물 전반을 만났고 이번 달부터는 대상의 범위를 좁힙니다. 중점 관찰 대상은 어류입니다.

1조 조장 예은이 함께하지 못합니다. 대신 중3 소연이 함께해 조장 역할을 대신합니다. 3조의 막내 아현도 목감기가 심합니다. 3조는 둘이서 진행합니다. 쑥쑥 크는 시간입니다. 몸과 마음이 치밀하기 어렵고 성근 틈이 많은 시기를 지납니다. 오래 고생하지 않았으면 좋겠습니다.

무심천은 시내를 따라 흐르는 하천이지만 물이 꽤 깨끗한 편입니다.

아이들이 물속에서 활동하며, 오늘 역시 관찰과 물놀이의 중간 정도 분위기일 것이 불 보듯 하여 수질에 대해서는 미리 확인해 두었습니다. 어류는 하천 가장자리에서 족대를 이용하여 채집하는 방법을 택합니다. 유인망으로 채집하기에는 물의 흐름이 조금 빠르고, 수심도 너무 낮거나 너무 깊은 편입니다. 사용 방법을 다시 소개하고 시범을 보인 뒤 족대는 우리 친구들에게 넘깁니다.

지난달보다 어류 채집에 요령이 붙었습니다. 반복 효과가 무척 큽니다. 몇 번 실패를 거듭하더니 몰이조와 대기조의 손발이 척척 맞습니다. 몰이조는 상류 쪽에서 하류 쪽으로 물고기를 몰며 내려오고, 대기조는 하류에서 길목을 지키고 있다가 호흡을 맞춰 족대를 들어 올립니다. 혹 채집이 되었는지 궁금해하며 그물을 들여다보는 눈망울이 초롱초롱 빛납니다. 물고기가 한두 개체라도 채집되면 환호성을 올립니다. 그물에서 빼내 수조로 옮기다 놓치면 아쉬움에 탄성을 지르기도 합니다. 그늘 하나 없는 땡볕 아래이지만 하나라도 더 만나고 싶어 구슬땀을 흘리는 우리 친구들의 열정이 기특합니다. 중점 관찰 대상이 어류임에도 지난달의 경험이 지워지지 않았습니다. 하천 바닥이 모래여서 돌이 거의 없는데도 돌을 만나면 꺼내어 수서곤충도 찾습니다.

우리 친구들이 만난 생명

날마다 최고 기온 신기록이 바뀌는 폭염이 이어지고 있습니다. 날씨 탓인지 우리 친구들 집중력이 조금 떨어진 느낌입니다. 나 또한 그랬습니다. 채집 방법에 대한 준비가 부족했습니다. 결과적으로 채집 종(種)이 다양하지 못했고 모래무지를 제외하면 2cm 정도 크기의 아주 작은 개체만 채집되었습니다. 꼼꼼하게 관찰하기 힘겨웠고 동정이 어려운 개체도 많았습니다. 어쩔 수 없이 관찰 일기도 미흡합니다.

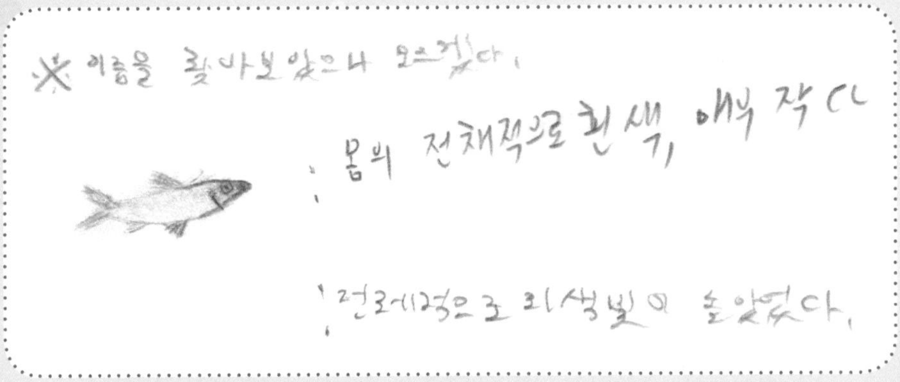

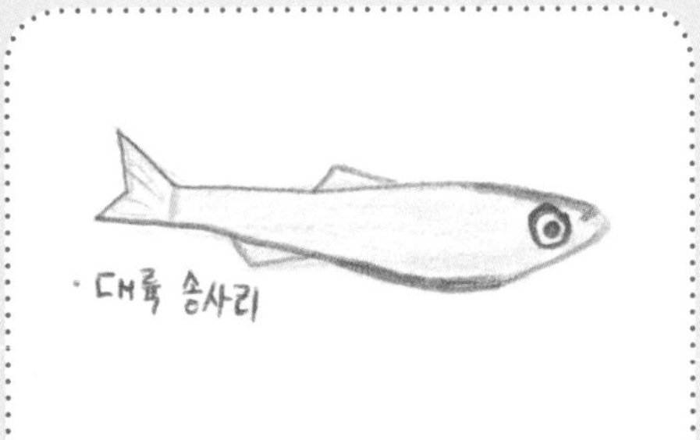

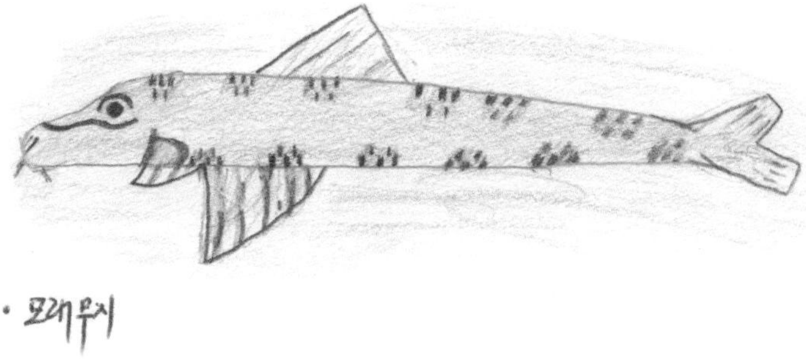
· 모래무지

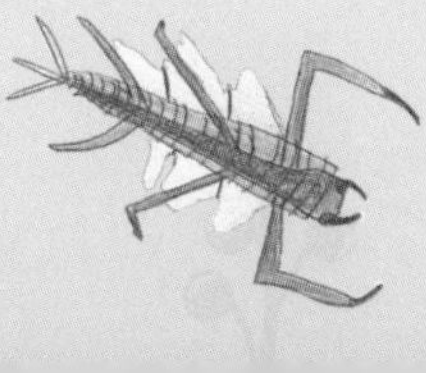

우리 친구들 생각

"좋았다. 신기했다. 채집한 것을 보고 그리는 것은 그냥 그리는 것과 차원이 달랐다. 물에 물만 있지 않다는 것을 알았다. 새로운 생명을 만나 즐거웠다. 그냥 '재미있다'라고 표현할 수 없는 '시간을 시간이라 부를 수 있는 시간'이었다." 등의 표현이 있습니다.

• 나는 무심천에 물고기가 많을거라고 생각했다. 하지만 물고기가 많지 않아 예떡 없다 그치만 잡은 걸로 그리는건 그냥 그리것과 차원이 달린 같다.

무심천을 보면서 늘 더럽다고만 생각했는데 가까이서 보니 물고기도 살고 있는, 생각보다 깨끗한 곳 이라고 생각했다. 조금 불편했을수도 있지만 모두들 즐겁게, 함께 채집하는 모습에 나도 덩달아 기분이 좋아졌다

3조는 아무도 수조를 챙겨 오지 못해서 불편함이 컸습니다. 모두 준비물을 제대로 챙기지 못한 아쉬움에 대한 이야기가 느낀 점의 전부입니다.

어류 관찰이 좋았고 신기했다고 하니 다행이지만, 오늘 관찰은 많은 면에서 부족했습니다. 어류 관찰, 다음 달에 다시 합니다.

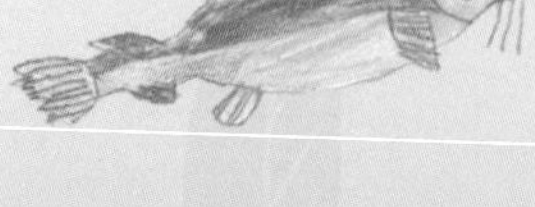

8월

물속에 사는 생물 3

또다시 물고기 중심으로

날짜 8월 26일 일요일 10:00~16:00

장소 무심천 청남교 일대

태풍 솔릭으로 세상이 떠들썩합니다. 다행히 거친 바람 없이 지나갔으나 폭우가 쏟아집니다. 전주를 지날 때는 앞이 보이지 않을 정도여서 차를 멈추고 비가 지나가기를 기다려야 했습니다. 청주에 가까워지며 하늘이 열리기 시작하고 게다가 채집 시간에 이르자 거짓말처럼 비가 그칩니다. 오늘은 12명 모두 동행합니다.

지난달, 어류 관찰을 했습니다. 열심히 했으나 다양한 어류가 채집되지 않았습니다. 채집 방법에 한계가 있었으며, 무엇보다 나의 준비가 부족했습니다. 날마다 지나는 하천에 서식하는 어류에 대해 우리 친구들이 그때 본 것이 전부라고 여기거나, 이 정도밖에 되지 않나 하는 생각을 지닐 수 있습니다. 이번 달에는 어류 전문가를 초대하여 같은 장소에서 다시 어류 관찰을 진행합니다.

무심천의 수량은 7월보다 오히려 줄어들었습니다. 그동안 비가 없었고 태풍 솔릭이 청주 지역에는 비를 뿌리지 않았습니다. 폭염이 이어지며 수질이 나빠졌지만 물에 들어가지 못할 정도는 아닙니다. 채집은 두 가지 방법으로 합니다. 이제 익숙해진 족대, 그리고 어류 전문가의

도움을 받는 투망에 의한 채집입니다.

우선 족대를 이용하여 우리 친구들이 물 가장자리를 따라 익숙한 솜씨로 물고기를 채집합니다. 채집 장소가 얕은 곳으로 한정적이므로 어쩔 수 없이 채집되는 종 또한 제한적입니다. 여러 번 반복해도 다르지 않습니다. 여기까지. 이제 전문가의 투망(투척) 솜씨가 펼쳐집니다. 드넓은 그물이 정확히 원을 그리며 물 위로 떨어져 그대로 바닥으로 가라앉습니다. 원 안에 있던 물고기는 모두 채집되는 셈입니다. 그물을 천천히 끌어 올리니 그물에 갇힌 물고기가 흰 배를 드러내며 뒤척이는 모습이 눈에 띕니다. 우리 친구들의 탄성이 쏟아집니다. 투망은 하천의 바닥 특성(모래 또는 자갈)과 물 흐름의 정도(느린 곳과 빠른 곳)에 따라 다양한 장소에서 실시했으며, 같은 곳에서 시간을 두고 세 번 반복했습니다.

같은 하천이지만 서식 환경은 다양하며 그 차이에 따라 채집되는, 곧 서식하는 어류가 다르다는 것을 우리 친구들이 알아차리기 시작합니다. 모래가 많은 곳에서는 모래무지, 흐름이 약한 곳에서는 붕어와 피라미, 돌이 많은 곳에서는 동사리가 채집되는 식입니다. 난리가 납니다. 물 흐름이 무척 빠르고 수심이 깊은 곳에서 40cm 크기의 누치가 채집된 것입니다. 누치는 이동과 관찰 시간 동안 죽을 것이 틀림없어 실내로 가져가지 않고 현장에서 충분히 관찰하고 사진을 찍은 뒤 무심천에 바로 놓아주었습니다.

채집한 모든 어류는 수조에 담았으며, 전문가가 또 한 번 일일이 동정을 해 주었습니다. 채집된 어류가 9종이고 각각의 차이를 꼼꼼하게

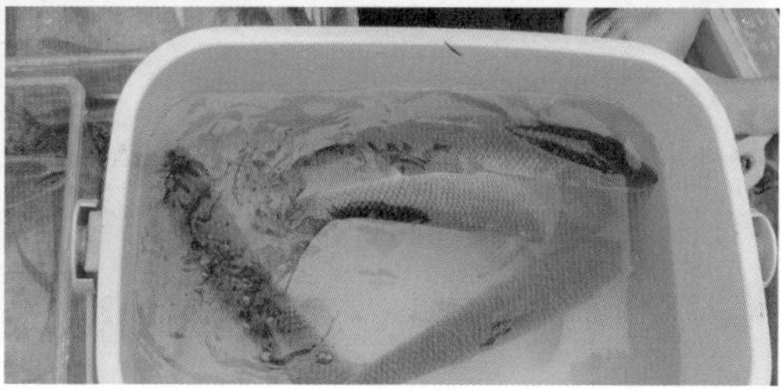

다시 설명해 주었기 때문에 아이들은 이제 누가 누구인지 바로 알아차립니다. 그러나 수조 안에 물고기가 모두 있어도 총 채집 숫자와 그중 각각의 종이 모두 몇 개체인지 세는 친구는 아쉽게도 없었습니다. 적어도 가장 많은 종(우점종)이 무엇인지 아는 것은 필수이지만 아직 생각이 거기까지는 닿지 않습니다. 수생생물 조사가 한 번 더 남았습니다.

←··· 이영제

↑ 손예은 김주연→

더 기다리기로 합니다. 자연 관찰에서 어디까지 알려 줄 것인가의 문제는 가르치는 자가 평생 지고 가야 할 고민거리가 아닌가 싶습니다.

오후, 관찰한 내용을 정리하는 시간입니다. 큰 제목은 6월, 7월과 같습니다. 〈물에 사는 친구들/ 수중생물과 함께/ 우리의 수중생물/ 수생 생태계, 물속의 보물〉 토론이 시작됩니다. 이제 역할 분담이 척척 이루어집니다.

우리 친구들이 만난 생명

같은 장소에서 같은 내용으로 관찰하는 것이라 준비물도 잘 챙겨 왔고, 모든 것이 좋아졌습니다. 게다가 어류 전문가의 투망을 이용한 채집까지 보태져 다양한 종을 만났으며, 개체 크기(7월 조사에서는 족대를 이용한 채집이어서 개체가 아주 작았음)가 커서 그림 표현도 좋아졌습니다. 한 조를 빼놓고는 채집 현장에서 전문가가 해 준 설명을 기록해 두었다가 덧붙이기도 했습니다.

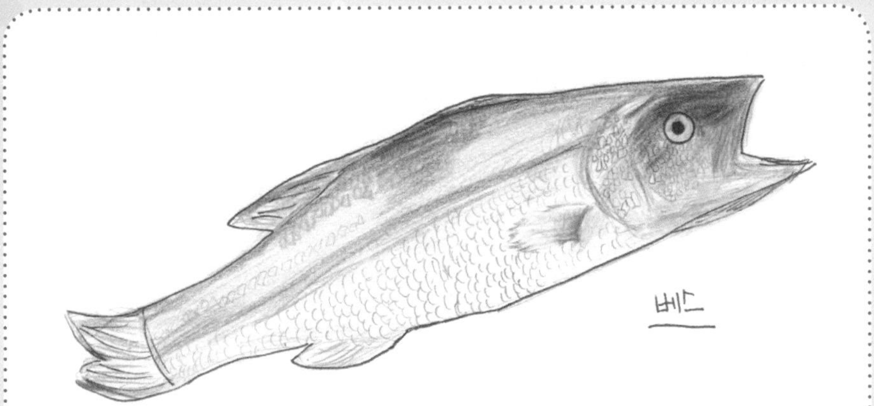

블루길
동사리
참마자

동사리

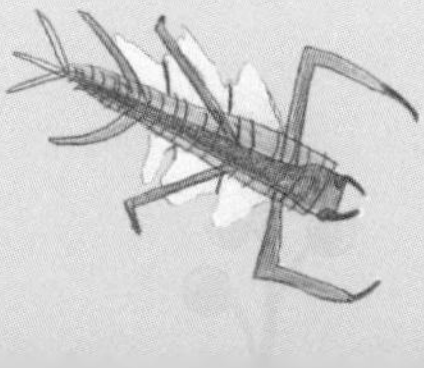

끄리
피라미(수)
베스

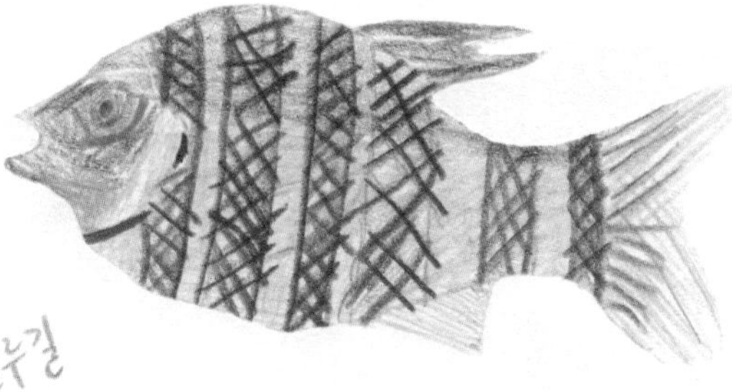
블루길

붕어

피라미 (암)

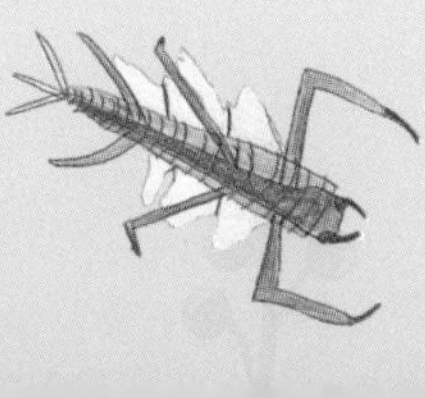

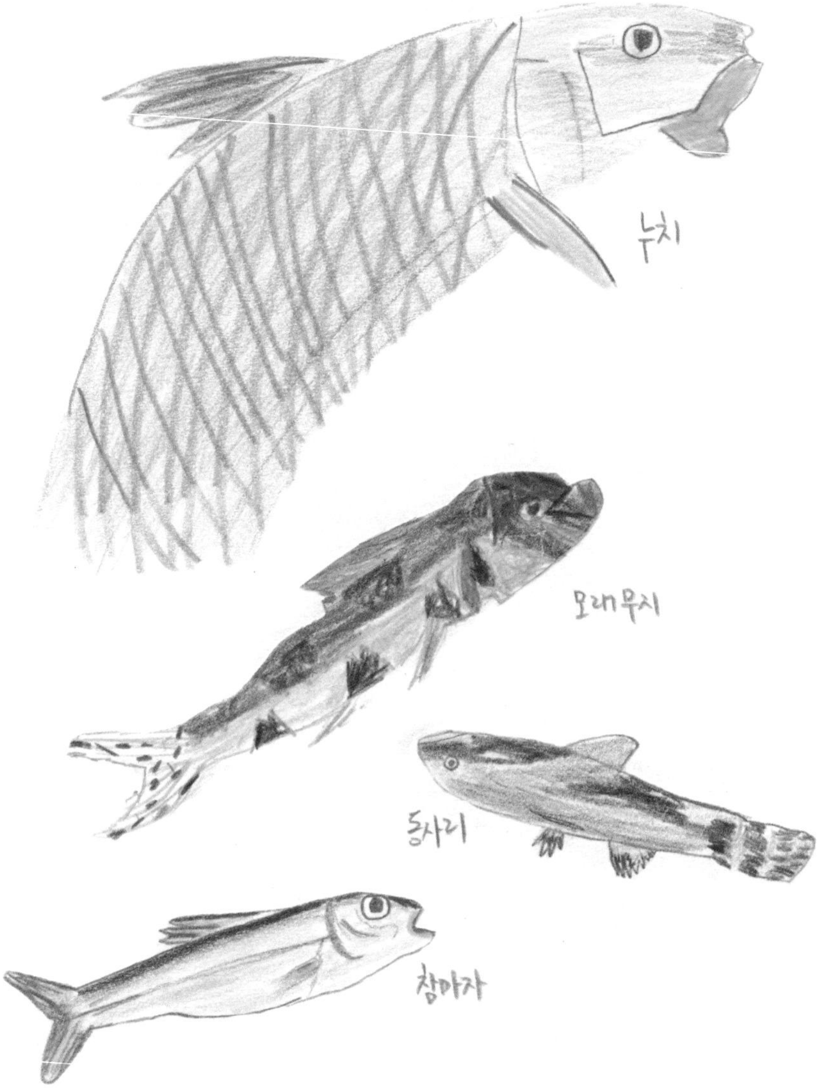
누치
모래무지
동사리
참마자

어류관찰

2018. 8. 26. 날씨: 비오다, 맑다.

장소: 무심천

준비과정: 단톡방에서 수조 가져올 사람 선정.
수조, 잠자리 채, 조리용 뜰채 가져옴.

채집방법: 1. 족대가 있는 쪽을 향해 물고기를 몰아간 후 족대를 들어서 채집.
2. 투망을 던져서 끌어올려 채집.

채집결과

무심천에서 족대와 투망을 가지고 채집을 한 결과 총 9가지의 어류를 채집했다. 첫번째 어류는 '피라미'이다. 피라미는 수컷과 암컷을 확실하게 구별을 할 수 있다. 피라미의 수컷에게는 '혼인색'이 있다. 수컷피라미의 몸통 위 쪽에는 화려한 빨간색, 하늘색의 비슷한 색을 띄고 있다. 수컷의 혼인색은 암컷 피라미에게 잘 보이기 위한 것이고, 암컷들의 산란 시기를 나타내기도 한다.

▲피라미 암컷.

▲피라미 수컷.

두번째 어류는 '참마자'이다. 참마자는 딱 보았을때 눈이 커 보인다. 다른 물고기들 보다 눈동자가 더욱 커 보인다.

▼참마자

세번째는 '블루길'이다.

블루길은 외래종이다. 블루길은 아가미 밑에가 파란색이라서 블루길(blue gill)이라고 이름이 붙여졌다.

▼블루길

네번째 물고기는 '붕어'이다 우리가 관찰한 붕어는 중국에서온 '떡붕어'라는 친구이다. 우리가 채집한 물고기중 유일하게 살아 있는 물고기인데 이것을 보아선 붕어는 생명력이 강한것 같다.

▲붕어(떡붕어)

다섯번째는 '끄리'이다. 끄리는 입이 W 모양인것이 큰 특징이다.

▼끄리

여섯번째 물고기는 '베스'이다. 베스는 블루길과 같은 외래종이다. 베스는 몸통이 녹색을 약간 띄고 있다. 가운데에는 선이 있다.

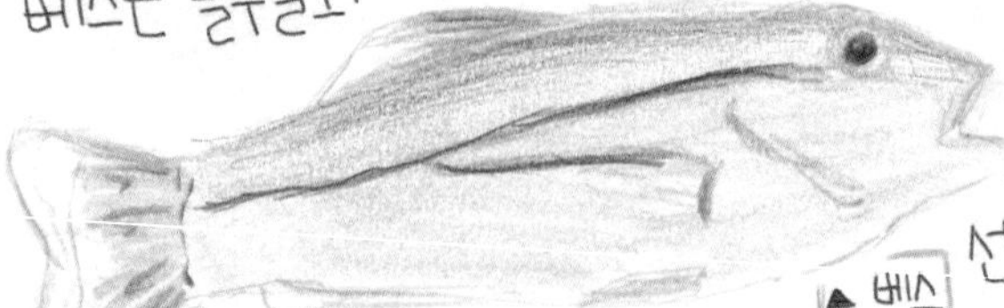

▲ 베스

일곱번째 어류는 '누치'이다. 누치는 아주 크다. 40cm 나 된다. 무심천에서 채집을 할 때에 어류 전문가 분께서 누치를 3마리나 건져올리셨을 때는 정말 깜짝 놀랐다. 크기가 컸기 때문이다.

▲누치.

다음 여덟번째 어류는 '동사리'이다. 동사리는 지느러미가 8개로 많은것 같다.

◀동사리.

아홉번째 물고기는 '모래무지'이다. 모래무지는 모래에서 서식해 '모래 무지'라는 이름이 붙은 것 같고, 입이 밑으로 툭 튀어 나와있다.

“ 우리가 관찰한 붕어는 중국에서 온 '떡붕어'라는 친구이다. 우리가 채집한 물고기 중 유일하게 살아 있는 물고기인데 이것을 보아선 붕어는 생명력이 강한 것 같다. ”

우리 친구들 생각

“자연을 알아야겠다는 생각보다는 자연을 느껴야 한다는 생각이 든다. 몰랐던 세상에 들어가는 느낌이 들었다. 어류의 종류가 많다는 것을 알았다. 큰 물고기를 보게 되어 신기했다. 신기한 종류의 물고기를 보게 되어 기뻤다.” 몸을 다쳤음에도 약속을 지켜 먼 길 와 준 어류 전문가 선생님께 잊지 않고 고마움을 표현한 친구도 있습니다. 많은 친구들이, 채집한 물고기의 죽음에 미안해합니다. 되도록 서둘렀으나 붕어를 제외한 대부분의 물고기가 죽고 말았습니다. 그럼에도 사체 역시 무심천으로 되돌려주었습니다.

자연을 알아야겠다는 생각보다는 자연을
느껴야 한다는 생각을 한다,
이런 생각을 가지고 오늘 강의를
들어서니 자연의 하나 하나가 달라
보였다. 특히 오늘은 투망을 사용하여
굉장히 많은 수확을 거두었다. 오늘로서
어류 생물도 4번 연속으로 하니
육지의 사는 생물뿐이 아닌 내가
몰랐던 세계에 들어가는 느낌이 들었다!

오늘은 어류전문가님이 오셔서 더 많은 어종을 잡았기 때문에
또 한번 어류의 종류가 정말 많다고 생각했다. 저번에는 작은
어종 밖에 볼 수 없었지만 큰 어종도 보게 되어 신기했다.

어류전문가 선생님께서 아프신대도 불구하고, 우리를 위해
와주셔서 신기한 종류의 물고기들을 보게 되어 기뻤다.
그리고 어류전문가 선생님께 감사드린다. 마지막 어류
관찰인만큼 열심히 최선을 다해 하여 뿌듯했다.

나의 마음과 바람

두 번에 걸쳐 어류 관찰을 한 장소는 우리 친구들이 날마다 지나는 무심천입니다. 눈길 한 번 제대로 주었을지 모르겠습니다. 날마다 지나는 하천이지만 그 속으로 다가서지 않으면 아무것도 알 수 없으며, 하천은 그냥 물만 흐르는 곳이 아니라 뭇 생명이 깃들인 공간이라는 것을 느끼게 해 주고 싶었습니다.

앞으로는 무심천을 지날 때마다 40cm 크기의 누치를 비롯하여 그 안에서 만난 물고기 하나하나를 떠올리게 될 것입니다. 한 달 사이에 수질이 어떻게 변하는지도 느꼈을 것입니다. 더 나아가 블루길과 배스를 비롯한 외래종이 시내를 흐르는 하천까지 점령하고 있다는 사실에 대해서, 그리고 그것이 무엇을 의미하는지에 대해서도 한 번쯤은 떠올리는 사람이 되기를 바랍니다.

5장

9월

물속에 사는 생물 4

_ 물속 곤충 중심으로

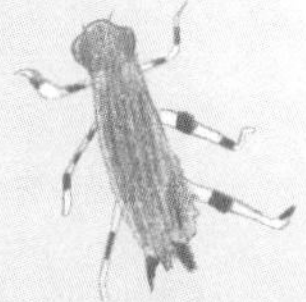

수생생물 관찰 마지막 시간입니다.
물속 생물 관찰을 네 번이나 실시하는 까닭은
물이 그만큼 중요하다고 여기기 때문이며, 물의 중요성만큼은
우리 친구들 가슴에 꼭 새겨 주고 싶은 마음입니다.
작은 습지 두 곳에서 수서곤충을 찾아 만납니다.
지금까지 흐르는 물을 대상으로 했다면
오늘은 고여 있는 물, 웅덩이를 대상으로 합니다.

9월

물속에 사는 생물 4

물속 곤충 중심으로

날짜 9월 16일 일요일 10:00~16:00
장소 상당산성 일대 습지

날씨가 좋지 않습니다. 하늘은 어둡고 빗방울이 떨어집니다. 할 수 없습니다. 10시. 약속 시간이니 출발합니다. 10시 15분. 관찰 장소에 도착하자 거짓말처럼 비가 그칩니다. 하늘빛도 살아납니다.

아픈 친구들이 많습니다. 민설은 아예 함께하지 못했고, 주연은 오후에 합류하기로 했습니다. 상윤은 다리 골절로 깁스를 하고 있고, 만형 상준은 장염으로 열이 펄펄 납니다. 상준은 채집에서 빼고 쉬게도 했으나 염증이 잠시 쉰다고 해결될 문제는 아닙니다. 어떻게든 버티려는 모습은 고맙지만 귀가 조치했습니다. 1조와 3조는 둘입니다. 더군다나 3조는 조장도 없는 초등학생들입니다. 1조와 3조를 합치기로 합니다.

수생생물 관찰 마지막 시간입니다. 물속 생물 관찰을 네 번이나 실시하는 까닭은 물이 그만큼 중요하다고 여기기 때문이며, 물의 중요성만큼은 우리 친구들 가슴에 꼭 새겨 주고 싶은 마음입니다.

작은 습지 두 곳에서 수서곤충을 찾아 만납니다. 지금까지 흐르는 물을 대상으로 했다면 오늘은 고여 있는 물, 웅덩이를 대상으로 합니다. 수생생물을 관찰할 마지막 시기입니다. 날씨가 추워지면 물에 들어가

습지 1 습지와 주변에 연꽃, 부들, 세모고랭이가 많이 피어 있습니다. 5m×3m의 작은 크기로 수심은 20cm 정도였으며, 바닥은 진흙과 펄입니다. 물에는 주로 붕어와 올챙이가 살고 있습니다.

습지 2 물에는 세모고랭이, 가장자리에는 고마리가 가득합니다. 표면은 개구리밥이 덮고 있지만 물속에는 가는가래가 꽉 차 있습니다. 10m×5m의 아담한 크기로 수심은 50cm 정도였으며, 바닥은 진흙과 펄입니다. 미꾸리 외에도 다양한 수서곤충(게아재비, 잠자리 유충, 물방개, 송장헤엄치게 등)이 서식합니다.

기 힘들고 수서곤충도 깊이 숨어 버립니다. 고인 물에서 어렵지 않게 만날 수 있는 수서곤충조차 만나지 못하고 수생생물 관찰을 마치는 것은 잘못된 생각을 가지게 할 것 같아 마련한 시간입니다.

오늘 채집 장소는 수서곤충을 채집하기에 최적이나 몸을 씻기 어려운 여건입니다. 지난 세 번은 우리 친구들 전체가 직접 채집 과정에 참여했

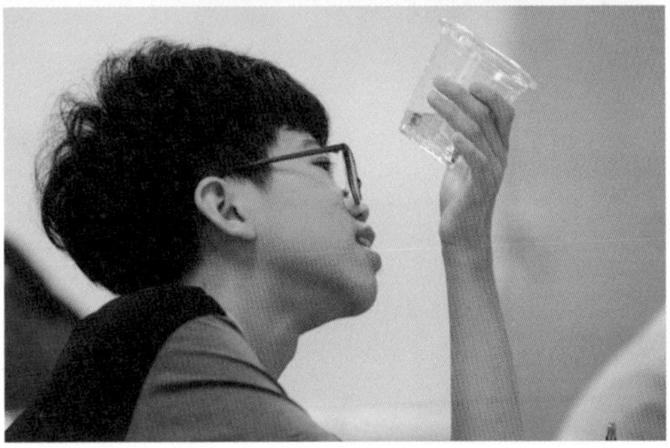

↑ 김아현 신준수→

지만 지금은 현실적인 어려움이 있습니다. 누군가 가슴 장화를 착용하고 물에 들어가야 하는데 이런 상황에서 언제나 스스로 나서던 상준은 귀가 조치했고, 상윤은 깁스를 하고 있습니다. 어쩔 수 없이 내가 나섭니다. 족대로 웅덩이 바닥의 진흙, 모래, 물풀(개구리밥, 가는가래) 등을 끌어 올려 밖으로 내주면 나머지 친구들은 물 밖에서 수서곤충을 찾는 방법으로 채집합니다. 우리 친구들이 꼭 만났으면 좋겠다고 생각한 대상 종(種)이 넉넉히 있어 다행입니다.

우리 친구들이 만난 생명

한 달에 한 번 만나는 친구들입니다. 친한 사이도 있지만 그렇지 않은 경우가 더 많습니다. 일정에 대해 충분히 알리기는 하지만 모둠 사이에서 소통이 온전하기 쉽지 않습니다. 준비물을 잊는 경우가 흔합니다. 그냥 둡니다. 준비물을 챙겨 오지 않은 대가는 스스로 치릅니다.

이번에는 우리 친구들이 채집 종의 개체 수를 확인해 주었습니다. 새롭고 좋은 생각은 다른 조로 번집니다. 채집을 하고 개체 수까지 확인할 생각을 하기까지 네 달이 걸렸습니다.

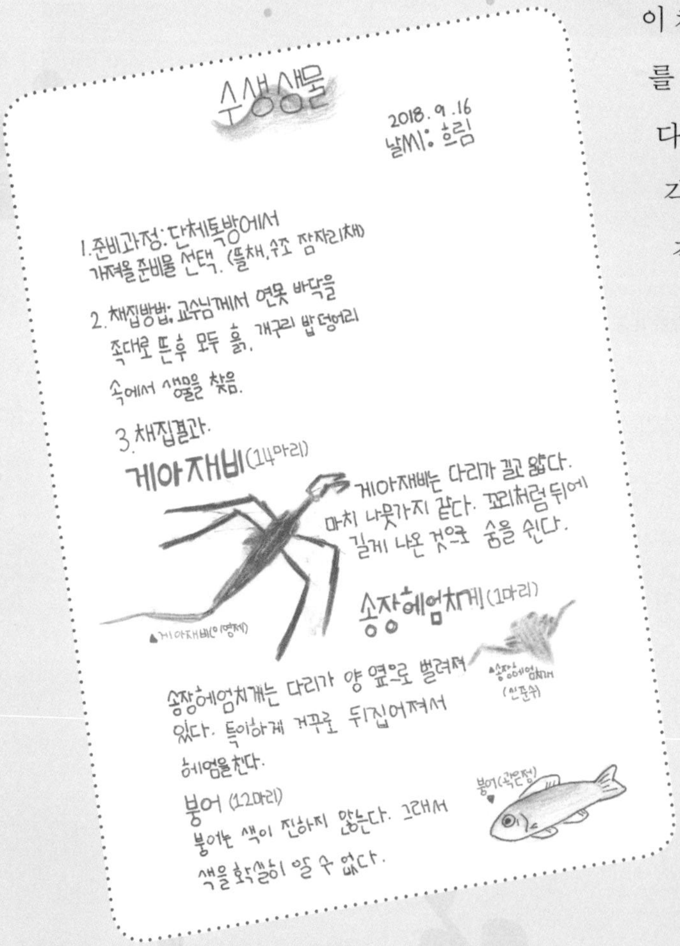

달팽이 (2마리)

(작은 달팽이) ▲ 달팽이(이영제)

달팽이는 총 2마리를 채집했는데 큰 달팽이, 작은달팽이가 있었다. 살구색의 빨판? 비슷한 것으로 수조 벽면에 붙어 있다.

가는줄 물방개 (3마리)

가는줄 물방개 ▶ (신준수)

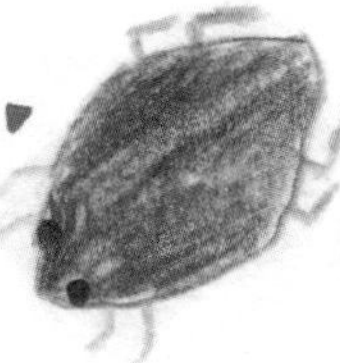

가는줄 물방개는 다리가 4쌍이다. 갈색의 껍질이 몸 위를 덮고 있다.

우렁이 (9마리)

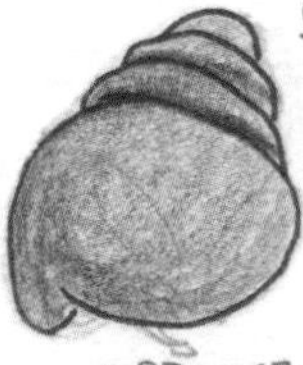

▲우렁이(곽은정)

우렁이는 딱딱한 껍질 속에 있다. 검정색이지만 이끼가 낀것처럼 조금 초록색 빛이 돈다.

잠자리 애벌레 (5마리)

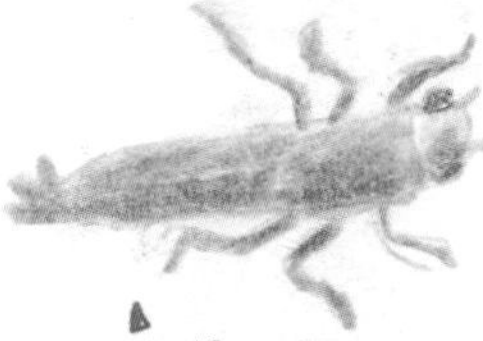

▲ 잠자리 애벌레(신준수)

잠자리 애벌레는 다리가 3쌍이고 끝. 꼬리가 3갈래로 나뉘어 있다.

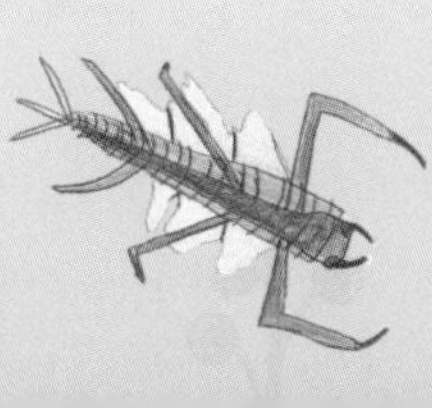

미꾸리(3마리)

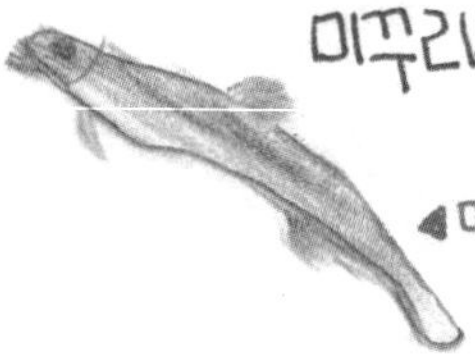

미꾸리는 길고 짧은 수염이 달려 있다.

◀미꾸리(이영제)

거머리(1마리)

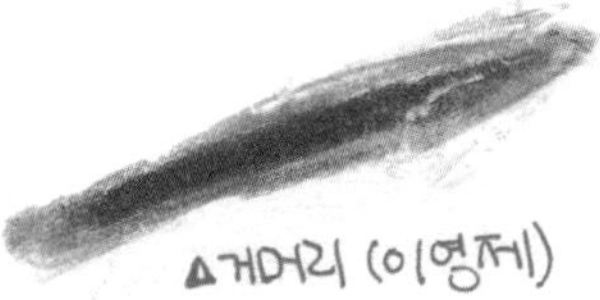

거머리는 빨갛고, 길다. 애벌레처럼 움직이며, 가운뎃쪽이 조금 까맣다.

▲거머리(이영제)

올챙이(16마리)

올챙이는 꼬리가 길고, 얼룩덜룩한 무늬가 있다.

▲올챙이(이영제)

물자라(1마리)

물자라▶ (신준수)

다리가 입근처에 2개가 있다. 물위에 떠서 수영을 한다.

암컷은 산란기가 되면 수컷의등에 알을 낳고, 수컷은 햇빛을 쬔다.

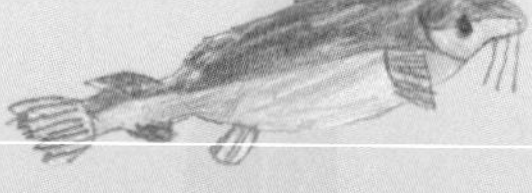

가재(2마리)

가재의 입 부분 쪽에는 작은 수염 2개, 긴 수염 2개가 있고, 집게는 V모양이다.

게아재비	14마리
송장 헤엄치게	1마리
붕어	12마리
달팽이	2마리
물방개	3마리
우렁이	9마리
잠자리 애벌레	5마리
미꾸리	3마리
거머리	1마리
올챙이	16마리
물자라	1마리
가재	2마리
12종	69마리

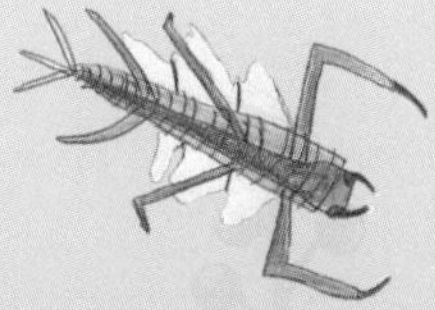

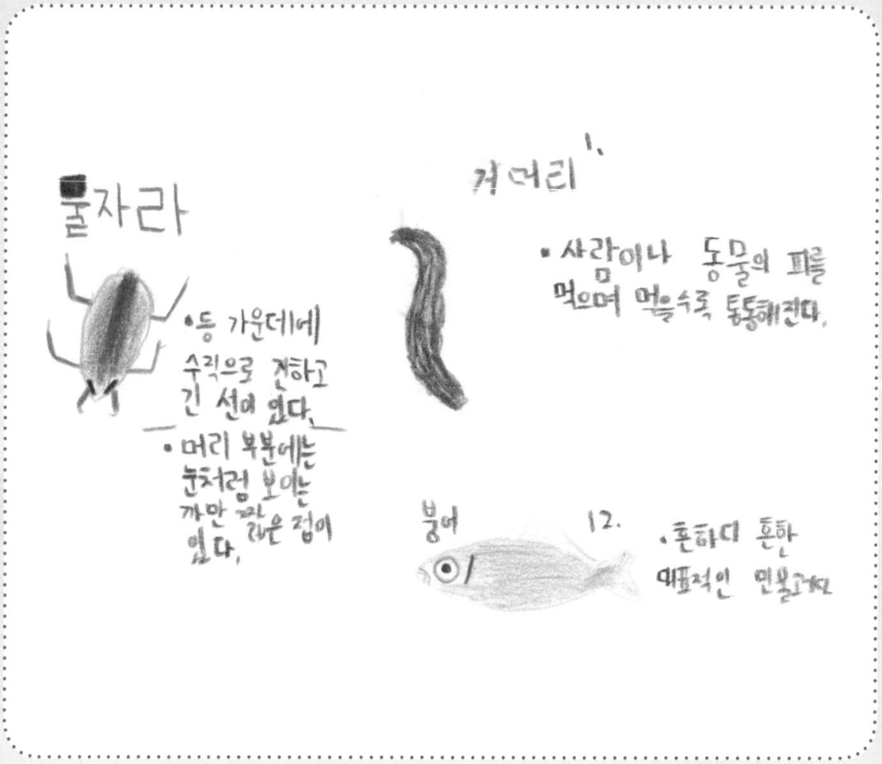
물자라
•등 가운데에 수직으로 진하고 긴 선이 있다.
•머리 부분에는 눈처럼 보이는 까만 작은 점이 있다.
거머리 1.
•사람이나 동물의 피를 먹으며 먹을수록 통통해진다.
붕어 12.
•흔하디 흔한 대표적인 민물고기다

가재

게아재비 : 약간 실잠자리와 닮았다. 알은
벨처럼 비슷하다.

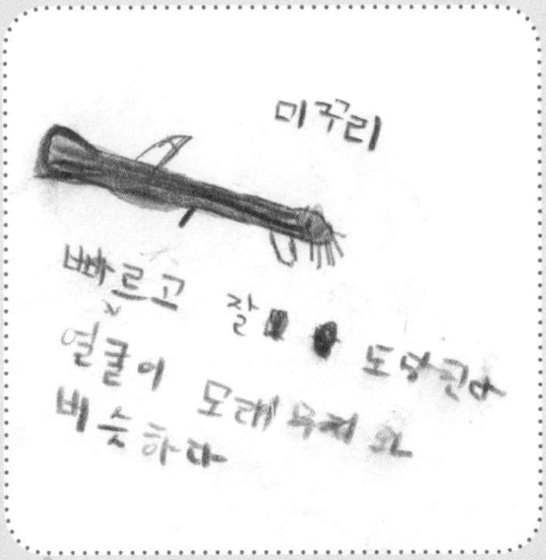
미꾸리
빠르고 잘 도망간다
얼굴이 모래무지와 비슷하다

장수잠자리 애벌레과

·가는줄물방개
·3마리 채집.

• 올챙이
• 16마리 채집.

물달팽이
• 2마리 채집.

우렁이
• 9마리 채집.

우리 친구들 생각

달리 길이 없어 내가 물속에 들어가 직접 채집을 하거나 가는가래 더미를 떠 오면 그 안에서 수서곤충을 찾는 일정으로 진행했더니 "직접 채집하지 못해 아쉬웠다."는 이야기가 가장 많습니다. 직접 채집하고 싶어 하는 마음이 간절한 것, 바람직합니다.

↓ 채집한 것을 가까이 보는 기쁨, 물에 물만 있지 않다는 생각, 새로운 생명을 만나는 즐거움의 표현이 많습니다. 시간이 조금 걸렸지만 우리 친구들이 이런 생각에 이르렀다면 더없이 기쁜 일입니다.

느낀점: 저번 3번동안 수생생물을 관찰했지만,
오늘은 수생곤충을 관찰하여 새로웠다. 수생곤충이 사는곳이
진흙이 덮여있는 연못이여서 김성훈교수님께서 꺼내주시면
채집을 하였다. 그렇지만, 우리가 직접 채집을 하지 못한건
조금은 아쉬웠다. 그리고, 오늘 컨디션이 그렇게 좋지않아
열심히 참여하지 못한 것도 아쉬웠다. 또 산당산성은
많이 가본곳이지만, 이렇게 많은 곤충들이 있어 놀라웠다.

• 그냥 연못을 보기엔 아무것도 안보이지만 막상 뒤져보면
되게 많은 생물들과 동물이 있다. 오늘 잡은 수는 69마리인데
거의 모든 애들이 수풀 속에서 나왔다. 우리주변엔 여러곤충이
숨어있을 뿐이 막상 하시서 찾으면 많이 나올거라 확신했다

↓ 한 모둠에서 불협화음이 일어납니다. 그림 그리기나 생물종 정보 찾는 일을 돕지 않고 자신의 느낀 점만 쓰는 친구 탓입니다. 조금 꾸짖었더니 이런 글을 남겼습니다.

지금까지 내 모든 느낀 점들은
다 형식적이었다. 설렘→기쁨→사건
→보람→마무리. 그런데 오늘 그 형식은 깨
지게 되었다. 사실 나는 여기에서
대표 장난꾸러기로 그 명성을 굳이고 있는
터였다. 학교에서는 성실한 모범생으로
자연에서는 장난기 많은 말썽꾸러기로
이중생활을 하고 있을 때 오늘 처음으로
장난에 대한 책임감을 느꼈다
그리고 김성호 교수님의 이유있는
훈계를 들으며 고개를 들지 못했다.
김성호 교수님은 나에게 그리 큰 말씀
을 하지 않으셨다. 이미 내가 나에게
가장 큰 벌을 주고있다는 것을 아셨
으니라. 물론 오늘도 수생생물을 보고
신비로웠다. 그러나 오늘은 수생식물의 아름다움
보다는 내 속살의 부끄러움과 이래의 대한
성찰로 하루를 채웠다.

나의 마음과 바람

조금 고여 있는 물이 있습니다. 어렵지 않게 만날 수 있는 곳이지만 우리는 그냥 지나쳐 버립니다. 조금 고여 있는 물조차 뭇 생명이 깃들인 공간이라는 것을, 그리고 그들이 잘 살아갈 수 있도록 우리가 할 수 있는 일은 무엇인지 잠시라도 생각해 보는 사람이 되기를 바랍니다.

6장

10월

열매와 버섯

봄에 다양한 모습의 꽃이 있었으니
다양한 열매가 있는 것은 당연합니다.
열매의 모습이 저마다 다른 배경은 무엇인지
생각해 보는 시간이 되기를 바랐습니다.
또한 먹기만 했던 버섯이 자연 상태에서 어떤 모습으로
어디에 있는지 꼼꼼히 관찰하게 해 주고 싶었습니다.
아래도 보고 위도 보고…….

10월

열매와 버섯

날짜 10월 28일 일요일 10:00~ 16:00
장소 삼일공원(우암산) 숲

어느덧 가을입니다. 5월에 꽃 관찰을 한 장소로 다시 향합니다. 봄날의 꽃들이 이제 어떤 모습의 열매로 맺히는지를 관찰하는 시간입니다. 우리 친구들이 꽃과 열매 사이의 빈 시간을 이어 채울 수 있을지는 의문입니다. 가을은 버섯이 많이 발생하는 시기이기도 합니다. 버섯은 그리 눈길을 주는 대상이 아닙니다. 그러기에 더욱더 버섯도 탐색하기로 합니다. 무엇이 삶을 뒤바꿀 계기가 될지 모릅니다.

7시 30분 출발. 청주는 바람이 거칠고 비가 많이 온다는 예보입니다. 아랫녘은 맑습니다. 그동안 다행히 비를 피할 수 있었고, 태풍마저 잠잠히 지났습니다. 예보가 빗나가기를 바랐고, 실제로 남청주에 들어서기까지 맑아 다행이다 싶었는데, '문화의 집'에 도착하자 먹구름이 몰려옵니다. 그리고 바로 비. 빗줄기가 심상치 않습니다. 바람도 거칩니다. 관찰을 포기하는 것이 좋을 상황이지만 길을 나섭니다. 언제나 맑을 수 없습니다. 흐린 날도 있으며, 악천후도 있습니다. 포기할 때 포기하더라도 출발은 하는 것이 옳다고 판단했습니다. 약속이기도 합니다.

숲에 들어서자 더 컴컴합니다. 사나운 바람에 낙엽이 우수수 떨어지고, 바닥의 낙엽도 하늘로 치솟습니다. 비옷에 우산도 들었고 길은 미끄럽습니다. 버섯 채취에 대비하여 비닐장갑도 끼고 있습니다. 학생들이 독버섯을 구별할 수 없으므로 버섯은 꼭 비닐장갑을 끼고 채취하며, 한 번 사용한 장갑은 다시 사용하지 않고 따로 보관하기로 했습니다. 천천히, 천천히 이동합니다. 옷이 금방 젖어 들며 춥습니다. 무섭기도 할 것인데 아무도 투덜대지 않습니다. 모진 바람, 강한 빗줄기, 어두컴컴한 숲에서 관찰은 이어집니다.

한 시간 정도 지났을 때입니다. 남은 한 시간은 포기하고 산을 내려간다고 막 말하려던 참이었습니다. 언제 그랬냐는 듯 맑은 하늘이 나타납니다. 우산 접고, 우의도 벗고 본격적으로 관찰에 들어섭니다. 그렇게 한 시간이 더 흐르고 아무 탈 없이 하산합니다. '문화의 집'에 들어서자 다시 까맣게 먹구름이 몰려오고 돌풍과 함께 장대비가 쏟아집니다.

관찰을 위한 준비물은 일일이 말해 주지 않았습니다. 큰 틀만 말해 주면 모둠끼리 생각해 나눠서 가져옵니다. 준비하지 못하여 발생하는 불편함은 모둠 스스로 감당합니다. 나는 열매를 채집할 때 꼭 필요한 부분만 자르기 위한 가위와 버섯 채집에 사용할 비닐장갑만 따로 준비했습니다.

1 신준수 2 손예은
3 김아현 4 조세원

상준이 고등학교 전형 일정으로 함께하지 못했습니다. 지난달에도 상준이 아파 일찍 집에 가느라 재희와 아현은 1조에서 활동했습니다. 마침 1조 또한 둘이던 터였습니다. 오늘은 재희와 아현, 초등학생 둘이서 꾸려 가게 합니다. 결과가 궁금합니다.

우리 친구들이 만난 생명

열매와 버섯에 대한 표현 색깔이 재미있습니다. 열매는 모두 빨간색인데 버섯은 색이 모두 다릅니다.

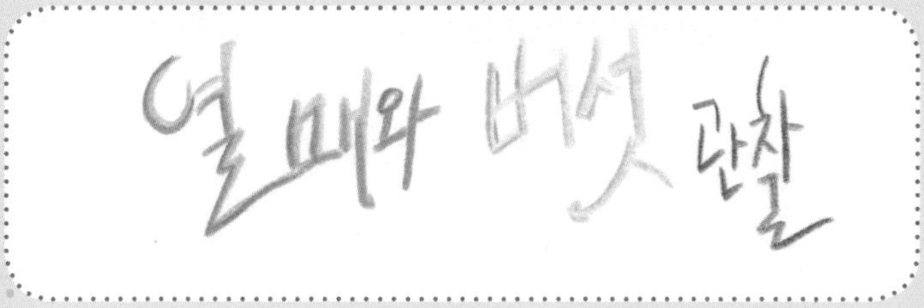

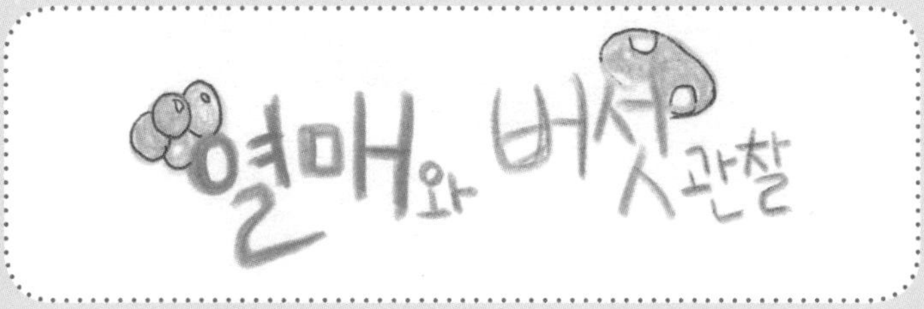

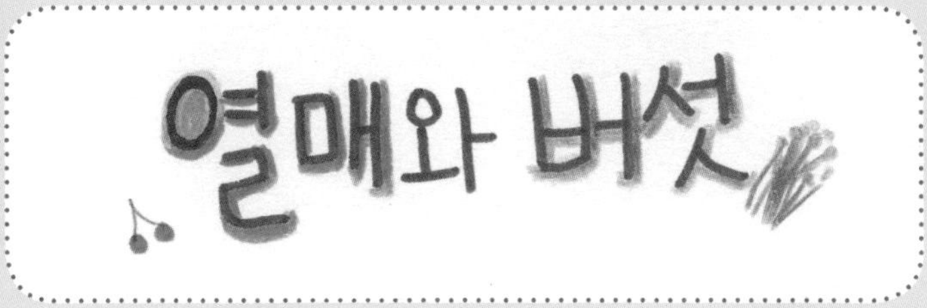

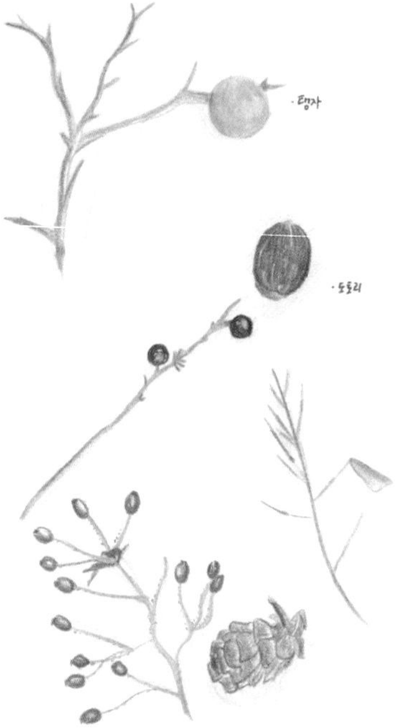

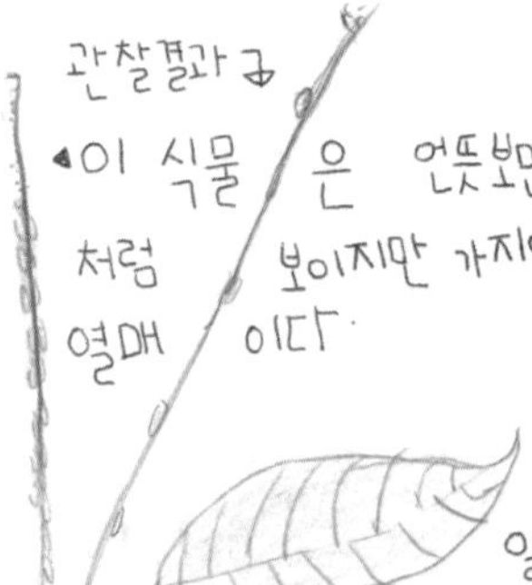

관찰결과 :

▲이 식물 은 언뜻보면 잎(풀)이 달려있는 것 처럼 보이지만 가지에 쌀알처럼 붙어있는 것이 열매 이다.

▲이것은 우리가 아주 잘 알고있는 도토리이다 매끈매끈한 표면, 동글동글하게 생긴 귀여운 열매이다!

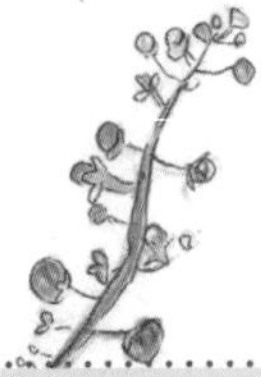

▲산에가면 많이 볼 수 있는 열매이다. 열매가 터지면 자주색 물이 나온다.

◀이 열매는 검정색의 무언가 위에
달려있는 빨간 열매이다.
이것을 들고 흔들어 보면 빨간 열매가
달랑달랑 거린다.

얇은 가지▶
에 동그란
열매가 달려있다.
까맣고 동글동글한 것이 귀엽다.

◀이 열매도 언뜻보면 그냥 풀같이 보인다.
하지만 가지에 얇게 달려있는 열매이다.

가지에 뾰족한 것이 달려있고, ▶
보름달같이 동그랗고 노랗다.
클레이로 동그랗게 만들어 붙인것
같다.

얇은 가지에 갈색의 무언가가 달려 있다. 풀인줄 알았지만 역시 열매였다.

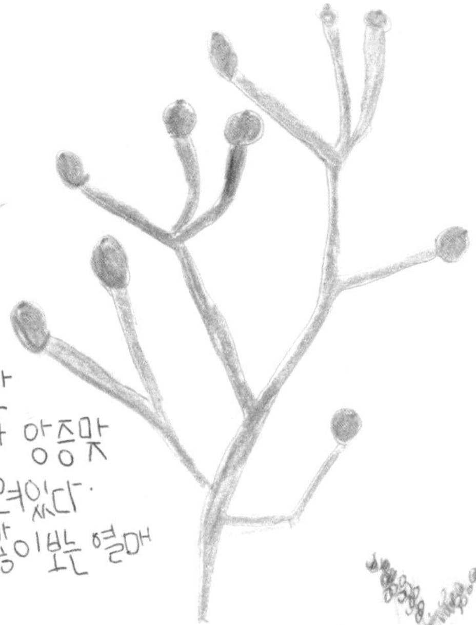

새빨간 열매가 앙증맞게 달려있다. 우리가 많이 보는 열매이다.

동글동글한 열매가 붙어있다. 열매가 팝콘같이 생겼다.

◀솔방울같이 생겼지만 솔방울은 아니다.
작고, 파인애플같이 생겼다.

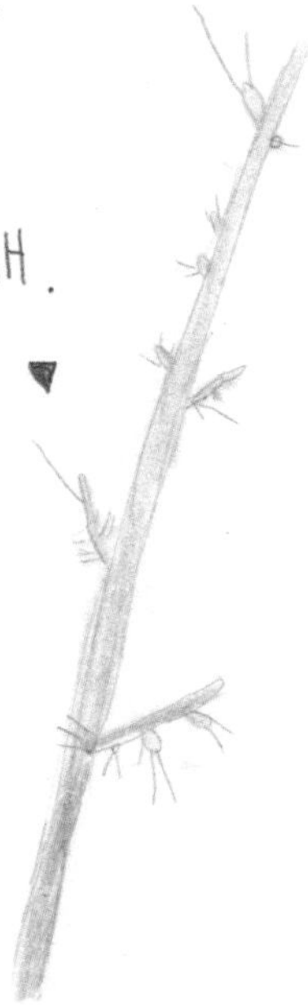

가지에 달려있는 열매.
열매에서 삐죽삐죽 솟아 ▶
있는 이름 모를 것.

◀보라색과 회색 사이의 미묘한 색.
매끈해보이고, 울퉁불퉁하다.
하얗다. 뿌리(잔털)이 ▶
많지않다.

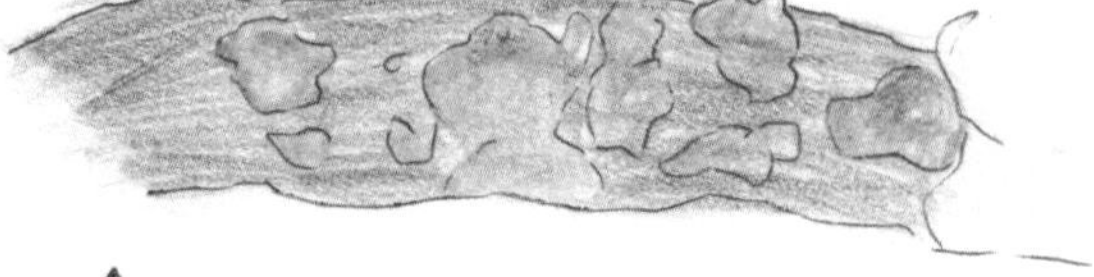

▲ 나무에 달려있는 버섯이다.
울퉁불퉁하며 갈색이다.

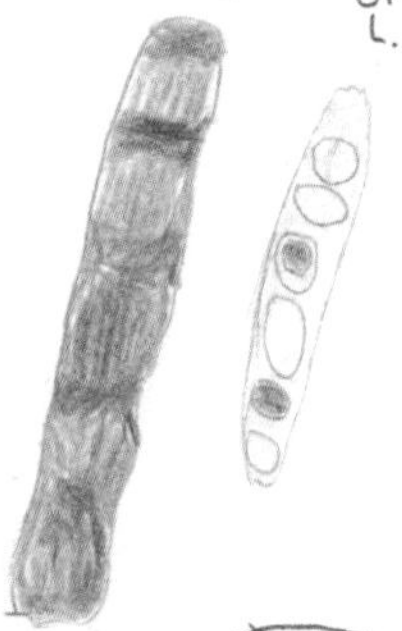

◀콩의 껍질같다. 딱딱하다.

열매

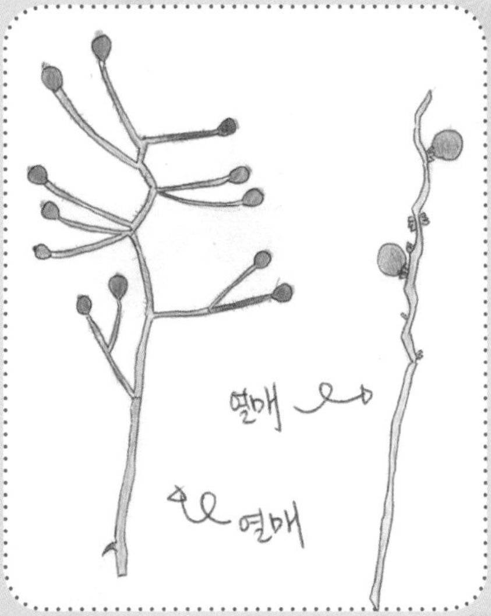
열매
열매

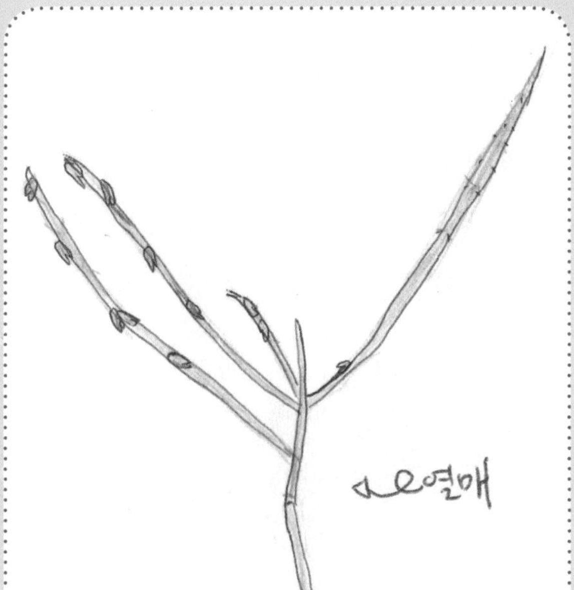
열매

버섯

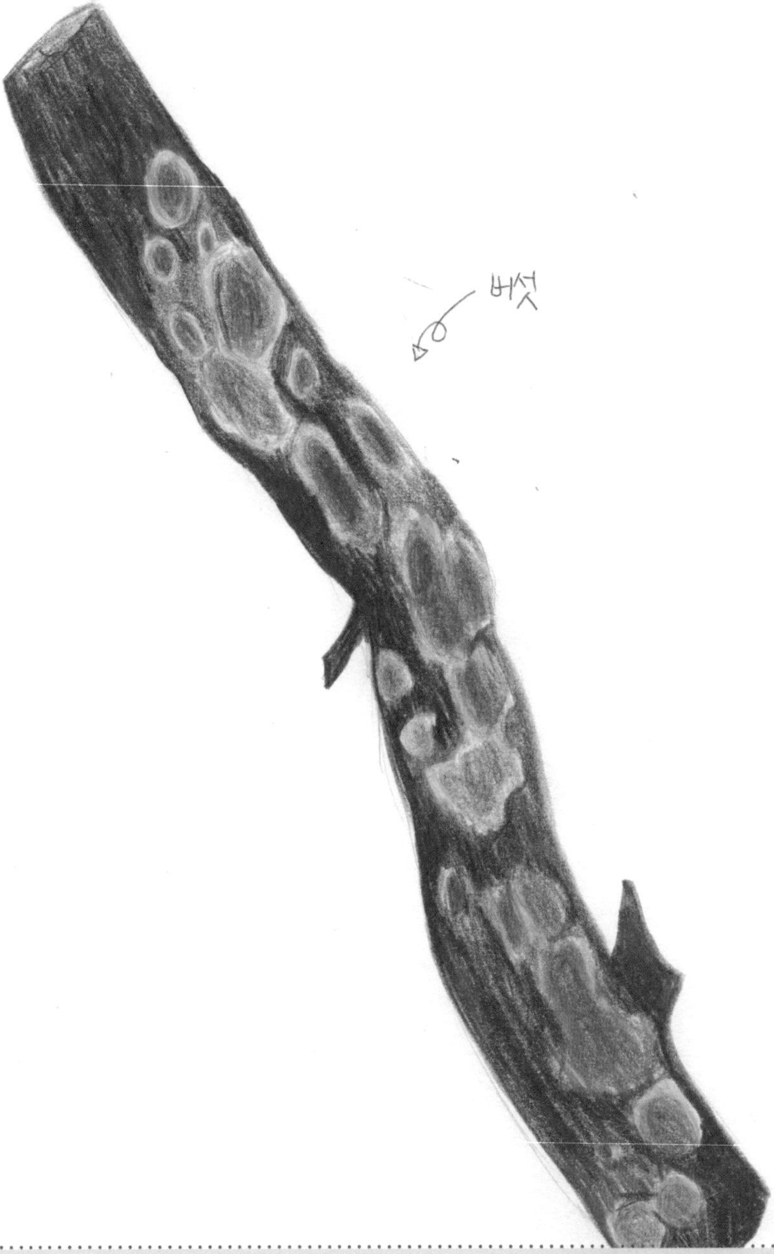
버섯

우리 친구들 생각

궁금했는데 아현과 재희 둘이서 아주 잘해 주었습니다. 이 둘은 상준의 소중함, 다양한 열매가 있다는 것, 다양한 모양의 열매가 있다는 것에 신기함을 표현했습니다.

↓ 다른 친구들 역시 다양한 모양의 열매가 있다는 것에 신기해합니다.

오늘 상준이 오빠가 안 와서 걱정했는데 다행히 재희오빠랑 잘했다. 오늘 이렇게 많은 열매가 산에 있는지 몰랐는데 오늘 이렇게 많은걸 처음알아따

오늘은 상준이 형이 없어서 좀 더 어려웠는데, 다행이도 너무 나쁘진 안았다 그런데 엄청 어려웠다. 그래서 나는 언제나 우릴 도와주는 상준이 형이 고마웠다. 또, 이 세상에 이렇게 다양한 모양의 열매가 있다는 것을 오늘 깨달아서 신기했다.

늦게 합류해서 같이 채집을 했지만 참으로 많은 것을 볼수있었다. 열매도 알과
같은 것도 있고 꽃과 같은 것이 있어서 사실 과일과 같은 열매 말고도 여러
여러모양으로된 열매들이 있다는 것을 느낄 수 있었다. 이렇게 열매는 많지만
버섯은 잘 안보이는건지 별로 없는 건진 몰라도 내 눈에는 별로 안 보였다.
활동을 하며 마치 봄에 꽃을 찾는 것과 같은 느꼈다

열매는 채집한다고 했을 때 열매를 도토리나 밤 같은 동글동글하고
먹는 것만 생각했었다. 그런데 우왕산 올라가니까 둥그란 모양 말고도
길쭉하거나 세모난 모양의 열매를 볼 수 있었다.
그래서 열매가 둥그란 모양만 있는건 아니구나라고 생각했다.

내가 평소에 풀이라고 생각했던것이 열매라고 해서 놀랐다
그리고 열매의 모습이 매우 다양해서 신기/재미있었다.
버섯은 많지않아서 아쉬웠다.

항상 보았던 것인데 더 자세히 보니 더 많은 열매들을
볼수 있었다. 오늘은 다른때 보다 비가 많이 와서 조금 더
힘들었지만 이게 다 추억이 될 것 같다.

나는 항상 자연의 아름다움은 '치열함'에서 나온다고
생각한다. 그리고 그 치열함의 결연 중 하나는 번식
이고 그 번식의 결연은 바로 열매다. 나무마다
서로 다른 열매, 그리고 약방의 감초인 버섯을 만나
볼아 나에게는 큰 행운이었다.

나의 마음과 바람

봄에 다양한 모습의 꽃이 있었으니 다양한 열매가 있는 것은 당연합니다. 열매의 모습이 저마다 다른 배경은 무엇인지 생각해 보는 시간이 되기를 바랐습니다. 또한 먹기만 했던 버섯이 자연 상태에서 어떤 모습으로 어디에 있는지 꼼꼼히 관찰하게 해 주고 싶었습니다. 아래도 보고 위도 보고…….

가을에 비가 거의 없었기에 버섯이 잘 보이지 않을 것이라 예상했는데 현실도 그랬습니다. 오늘 비가 넉넉히 오고 있으니 며칠 뒤에 산을 다시 찾으면 꽤 많은 버섯을 만날 수 있을 것이라 말했습니다. 몇이나 산을 다시 찾을지는 알 수 없습니다. 누구를 만나 알기 위해 필요한 것은 무엇일까요? 다가섬, 기다림…… 올려다보고, 내려다보고. 실제 그런 구체적인 행동을 거칠게 몰아친 비바람 속에서도 해 준 것이 고마운 하루였습니다.

❗ 긴급 안건

거센 바람과 빗속에 고생이 많은 날이었습니다. 관찰 일정을 시작한 지 반 년이 지났습니다. 조금 지쳐 보입니다. 신선하고 건강한 자극이 필요한 시기라 여깁니다.

우리 친구들도 변화에 대한 요구가 일기 시작했습니다. 모둠을 바꾸자는 의견이 나온 것입니다. 3명 4조에서 4명 3조로 하면 좋겠다는 의

견이 절대적입니다. 물론 지금 3명으로 관찰을 하고 관찰한 내용을 정리하기 벅찬 것은 사실입니다. 한 명이 늘면 훨씬 수월해질 것도 압니다. 게다가 한 명이 나오지 않으면 둘이서 관찰하고 관찰 일기를 쓰기 녹록지 않습니다. 하지만 새롭게 모둠을 짜면 누군가 상처를 받을 수 있어 지금 모둠 그대로 가기로 합니다. 다만 새로운 얼굴이 함께합니다. 나름 관찰에 깊이가 있는 친구의 동행입니다. 서로 좋은 의미의 자극, 건강한 경쟁이 일어나기 바랍니다.

7장

11월

새의 세상 1

우리 친구들은 모두 쌍안경을 준비했습니다.
하지만 날아다니는 새를 맨눈이나 쌍안경으로 보고
바로 그림으로 표현하기 힘듭니다.
필드스코프로 대상을 찾은 뒤
휴대폰으로 사진을 찍어 그리게 했습니다.
망원 렌즈가 달린 카메라로 찍은 사진을
다시 휴대폰으로 찍는 방법도 함께했습니다.

11월

새의 세상 1

날짜 11월 25일 일요일 10:00~16:00
장소 무심천과 미호천 합류 지점

오늘은 혼자가 아닙니다. 새를 사랑하고 자세히 관찰해 온 재우가 동행합니다. 잠깐 담소한 뒤 재우는 잠들었습니다. 차멀미가 심해 차로 오랜 시간 이동하는 것이 고역인 친구이며, 관찰 일정의 처음부터 함께하고 싶었으나 미룬 까닭입니다.

재우와의 만남은 〈영재발굴단〉이라는 프로그램에서 비롯합니다. 2016년 어느 봄날, 방송사에서 연락이 왔습니다. 제주도에서 새 박사 수준의 어린이를 발굴했는데, 그 친구가 나를 꼭 만나고 싶어 하니 와줄 수 있느냐는 내용이었습니다. 어린이의 소망을 꺾을 이유가 없어 서둘러 제주도로 향했습니다.

깜짝 선물로 내가 누구인지를 감추며 저수지에서 새를 관찰하고 있는 재우에게 접근합니다. 나 또한 새를 사랑하는 사람이라 말한 뒤 새에 대한 이런저런 이야기를 나누다 최근에 본 책 중 가장 인상적인 책이 무엇이냐고 묻습니다. 다른 사람의 책을 말하면 무척 쑥스러울 뻔했으나 고맙게도 내 책을 줄줄이 말해 줍니다. 내가 그 책을 쓴 김성호며, 재우가 나를 보고 싶어 한다 하여 내가 왔다고 말합니다. 나 또한

관찰한 새를 기록하는 영제와 곁에서 지켜보는 재우, 새를 무척 사랑하는 두 친구

재우가 보고 싶었다고 하자 재우는 펑펑 울었던 날입니다. 재우에게 주려고 준비한 선물은 책 몇 권이었습니다. 책에는 이렇게 적었습니다. "나는 여기까지 했다. 남은 길을 가는 것은 재우의 몫이다."

방송사는 재우의 집으로 이동하여 본격적으로 나와의 만남을 취재하고 싶어 했으나 오랜 취재로 재우는 너무 지쳐 보였습니다. 방송 분량이 찼다면 아이를 그만 놔주면 어떻겠냐고 건의했고, 방송사가 받아 주었습니다. 부모님께서도 둘만의 시간을 허락해 주셔서 식사를 함께하며 오붓한 시간을 가졌습니다. 재우에게 전하고 싶었던 나의 마음은 한 가지였습니다. 물새를 온전히 알려면 물을 먼저 알자는 것이었습니다.

메일을 주고받으며 인연을 이어 갔고 방학이면 어김없이 만나 새도 함께 관찰했습니다. 초등학교를 마치고 재우 가족은 제주도를 떠나 내가 사는 남원으로 이사합니다.

오랜만에 12명 모두 참석입니다. 재우는 그동안 고생이 가장 컸던 상준 모둠과 함께합니다.

맑고 밝은 날입니다. 탐조하기 더없이 좋은 가을날입니다. 상준 모둠뿐만 아니라 재우의 등장에 모든 친구들이 기쁜 표정입니다. 우리 친구들은 나보다 재우가 편합니다. 새의 이름을 모두 재우에게 묻고 재우는 친절히 대답해 줍니다. 이름뿐만 아니라 새의 습성에 대해서도 자세히 설명해 줍니다. 어떤 세계에 깊이가 있다는 것은 멋진 모습입니다. 다른 친구들도 자신이 진정 사랑할 수 있는 무엇을 찾으면 좋겠습니다. 새를 무척 사랑하여 누구보다 오늘을 기다렸던 영제는 뛸 듯 기뻐합니다. 하지만 영제가 새만 보지 않았으면 좋겠습니다. 관찰은 결국 무엇 하나를 보는 것이지만 지금부터 하나만 보면 결국 그 하나를 나중에는 보지 못할 수 있습니다. 하나라도 전체를 아우르는 하나이기를 바랄 뿐입니다.

우리 친구들은 모두 쌍안경을 준비했습니다. 하지만 날아다니는 새를 맨눈이나 쌍안경으로 보고 바로 그림으로 표현하기 힘듭니다. 필드스코프로 대상을 찾은 뒤 휴대폰으로 사진을 찍어 그리게 했습니다. 망원 렌즈가 달린 카메라로 찍은 사진을 다시 휴대폰으로 찍는 방법도 함께했습니다.

우리 친구들이 만난 생명

재우가 함께한 모둠에서 가장 큰 변화가 있습니다. 지금까지는 관찰한 대상을 나열하는 데 그쳤으나 재우의 동행으로 관찰 일기 패턴이 바뀌었습니다. 관찰한 조류를 학술적 기준을 온전히 따른 것은 아니지만 나름 분류한 다음 설명을 덧붙였습니다.

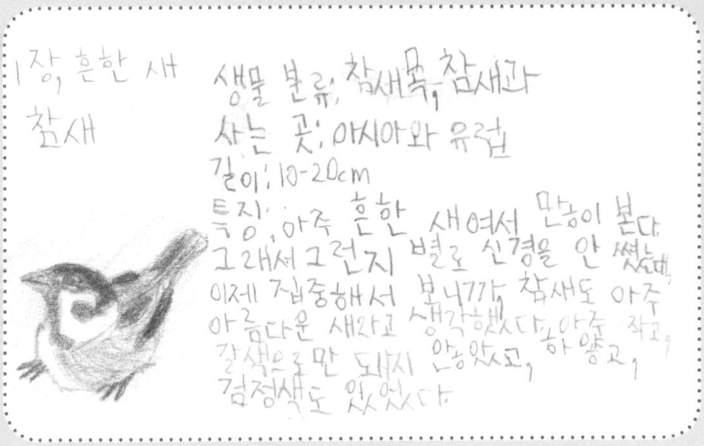
1장, 흔한 새
참새
생물 분류; 참새목, 참새과
사는 곳; 아시아와 유럽
길이; 10-20cm
특징; 아주 흔한 새여서 많이 본다. 그래서 그런지 별로 신경을 안 썼는데, 이제 집중해서 보니까, 참새도 아주 아름다운 새라고 생각했다. 아주 작고, 갈색으로만 되지 않았고, 하얗고, 검정색도 있었다.

1. 흔한 새
2. 논병아리과
3. 맹금류
4. 목이 긴 새/ 백로과
5. 그 외 조류
6. 오리과

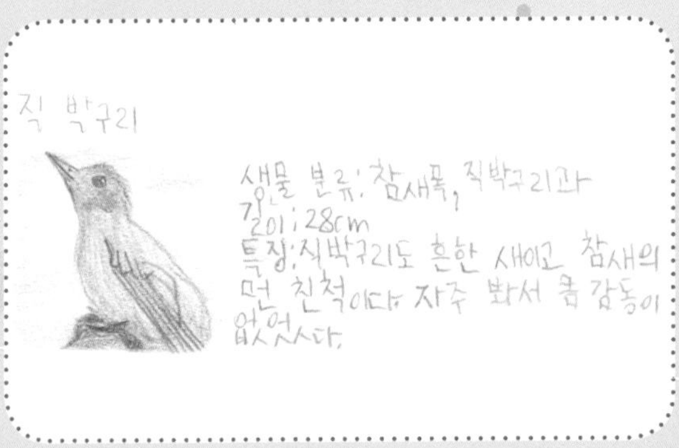
직박구리
생물 분류; 참새목, 직박구리과
길이; 28cm
특징; 직박구리도 흔한 새이고 참새의 먼 친척이다. 자주 봐서 좀 감동이 없었다.

까치
생물 분류; 참새목, 까마귀과
특징; 서울을 대표하는 새이다. 검정색이고 꼬리는 길다. 설날일때 떠올리는 새다.

딱새

생물 분류; 참새목, 딱새과
특징; 아주 예쁘다 배가 주황색이고 등은 갈색이라서 배가 눈에 툭 된다.

2장, 논병아리과

논병아리

생물분류; 논병아리목, 논병아리과
특징; 겨울에는 갈색이다. 맨 처음에 이름을 들었을 때는 닭의 아기인줄 알았다. 그러나 아니다. 그래도 병아리와 오리를 합친 것 같다.

3장; 맹금

물수리

생물 분류; 수리목, 물수리과
특징; 매랑 헷갈린다. 아주 멋진 새이다.

매

생물 분류; 매목, 매속
특징; 독수리로 만으로 비교가 되는 멋진 새.

제 4장 ; 목이 긴 새

백로들
생물 분류; 백로과
특징; 왜가리랑 헷갈리고, 키가 목 덕분에 꽤 크다.

중대백로

쇠백로

왜가리

생물분류 황새목 왜가리과.

특징 한눈으로 봐도 커보이는 새이고 일단 이우리지체가 다른 새들과는 비교가 되지 않는다 개인적으로 왜가리의 멍해보이는 눈빛이 인상 깊다.

제 5장 그리 새들

삑삑도요새.

생물분류 도요목 도요과.

특징 : 정말 작고 귀여운 새이다

특히 걸어다닐때 종종 뛰는모습이 인상깊다.

백할미새

행동: 진흙섬 위에서 뛰어다님
꼬리를 들썩거림
특징: 꼬리가 길다.
총총총 빨리 돌아다니고
부리와 뒷머리가 검은
선으로 연결되어있다.
이름과 다르게 활발하다.

민물가마우지

행동: 물에서 수영하거나
뭍에서 몸을 말린다.
특징: 몸을 말리는 모습이
마치 뱀파이어 망토같다.
소리가 매섭다.
수영을하면 목빼고다 잠겨
좀 특이하게 다닌다.
조금 웃긴 새다.

제. 6장: 오리과

쇠오리

행동: 물 위를 유유히 다님

특징: 눈의 초록이 눈에 띔 조그마한것이 상당히 귀엽지만 눈색땜에 사나운 느낌도 있다.

이름: 흰 뺨 검둥오리

생물분류: 오리과

특징: 매우 색깔이 다양하다

이름: 청둥오리

생물분류: 오리과

특징: 매우 색깔이 다양하며 먹이를 사냥할때는 머리를 물에 넣어서 사냥한다.

다른 친구들의 그림

막내 윤성의 그림입니다. 현장감이 물씬 납니다.

↑ 글은 뛰어나지만 부족한 그림은 피하던 세원이 드디어 그림을 그리기 시작했습니다. 그림을 그리는 데 시간을 쓰느라 예전 같으면 길게 썼던 느낀 점의 분량도 알맞게 줄었습니다. 모둠에서 자신의 몫을 제대로 찾은 것 같아 기쁩니다.

백할미새
삑삑도요.
민물가마우지

우리 친구들 생각

다양한 조류의 세계에 눈을 뜨게 되었다는 표현이 가장 많습니다.

평소에 보는 새들을 집중해서 안봐서 다 같다고 생각했는데, 새의 종류들이 다양해서 신기했다.

내가 기다리고 또 기다리던 새관찰이어서 너무 신났다. 그리고 새 여러마리가 와서 더 좋았다. 새를 더 가까이 본다는 생각에 신발이 젖는 것도 모른채 새 가까이에서 관찰을 해서 너무 나도 좋았다.

새는 꼭 보고 싶어서 들뜬채로 갔는데 오그라마자 새가 보여서 너무 기뻤다. 이렇게 자주 보는 새가 더욱 가까워지는 걸 느꼈다.

담백하고도 우아한 시간을 동고 역동적인 움직임과 아름다움
을 가지게 한 새에게 먼저 감사의 인사를 보낸다.
미세한 떨림을 주의깊게 보여 심장도 같이 움직이
는 웅장한, 흥미로운 시간을 가져 새들에게 다시 감사
의 인사를 보낸다! 다시 한번 떨림으로 대화하는 날
이 왔으면 좋겠다.

처음으로 새를 자세히 관찰 했다. 쌍안경, 필드스코프, 망원
렌즈로 관찰을 했는데 자세하게 움직임 하나하나 다 볼
수 있어서 좋았다. 패러글라이딩을 하는 사람들 때문에
새들이 놀라서 도망갔는게 너무 미안하다...

물고기, 열매 등을 관찰했었지만, 이번엔 새를 관찰했다.
새로웠다. 필드스코프로 관찰한 것이 정말 신기했었던 것같다.
필드스코프라는 특이한 장비는 내 옆에 있는 것처럼 잘 보이고,
자세히 보였다. 새는 정말 신기하고 다양한 생물같다.
다음에도 또 새를 관찰하고 싶다.

나의 마음과 바람

새의 세계에 들어서서 새만 바라보며 산 지 15년의 시간이 흘렀습니다. 그 전까지는 새의 세계에 닫혀 있었습니다. 정확한 모습은 그만 두고라도 이름을 아는 새가 열 가지쯤이었지 싶습니다. 참새, 까치, 까마귀, 비둘기, 제비, 갈매기…… 심지어 우리나라의 새가 모두 그 정도인 것으로 착각하며 살았던 시간이기도 했습니다. 실제로 우리나라의 새는 500종이 넘는데 말입니다. 새를 하나씩 만나 알아 가면서 세상을 보는 눈이 더불어 넓어졌습니다. 굳게 닫혀 있던 아름다운 세상의 한 모퉁이가 열리기 시작했으며, 톱니 하나가 빠져 멈춰 있던 시계가 온전히 작동되는 느낌이 들기도 했습니다. 우리 친구들에게도 그러한 느낌을 체험하게 해 주고 싶었습니다.

8장

12월

새의 세상 2

아무리 철새 도래지라 하더라도
새가 언제나 내 앞으로 와 주는 것은 아닙니다.
기다려야 만날 수 있고, 만나 지켜본 만큼 알 수 있습니다.
일 분 지켜본 사람은 일 분만큼을, 한 시간이라면 한 시간만큼을,
하루라면 하루만큼을, 한 달, 일 년, 십 년,
평생이라면 그만큼을 알 수 있게 됩니다.
그러니 기다리고 지켜보는 시간을 늘려 주고 싶었습니다.

12월

새의 세상 2

날짜 12월 22일 토요일 10:00~12월 23일 일요일 17:00
장소 철원 철새 도래지

먼 길을 갑니다. 청주에서 친구들을 만나 철원으로 향합니다. 오늘도 재우와 동행합니다. 차가 움직인 지 얼마 지나지 않았지만 재우의 얼굴은 벌써 창백해집니다.

청주 도착. 12명 모두 참석입니다. 버스 한 대에 몸을 싣고 겨울철새의 낙원인 철원으로 1박 2일의 탐조 여행을 떠납니다. 주요 관찰 대상은 두루미입니다. 두루미를 만나려면 두루미가 있는 곳에 가는 것이 시작입니다. 한 장소에서 오래도록 관찰할 예정입니다. 새벽에 일어나 어두운 시간부터 우리도 어둠이 되어 기다릴 것이며, 추위도 견뎌야 합니다. 그리고 마지막은 나를 돌이켜보는 시간으로 삼으려 합니다. '관찰의 끝은 나를 향하자.'

철원 도착. 하루 정도 혹한이 무엇인지 경험하는 것도 괜찮겠다 싶었는데 날씨가 포근합니다. 다행이며 아쉽습니다. 이번 관찰 일기는 모둠이 아니라 혼자 씁니다. 모든 것을 스스로 생각하고 결정하여 쓰고 그립니다.

첫날 13:00~17:00 탐조/ 식사 후 정리 및 놀이

네 시간 동안 새만 보는 일정입니다. 일 분도 무엇을 집중해 보는 것에 서툰 요즈음 아이들입니다. 어느 정도 훈련된 친구들이긴 해도 쉽지 않을 것이라 생각했는데 모두 잘 견뎌 주었습니다. 저녁 식사 후 8시부터 10시까지 관찰 일기를 썼습니다. 자신의 능력을 고스란히 드러내는 시간이어서 그런지 정말 진지합니다. 10시 이후 자유 시간. 모두 모여 '마피아놀이'를 무지하게 재미있게 합니다. 12시. 더 놀고 싶다고 버텼으나 잠자리에 들게 합니다. 다시 오기 힘든 곳입니다.

둘째 날 07:00~09:00 탐조/ 식사 후 정리, 출발

6시 기상. 모두 잘 일어납니다. 어둠을 가르며 탐조대로 다시 향합니다. 9시까지 두 시간 동안 두루미가 나타나기를 조용히 기다립니다. 어제 네 시간을 견딘 친구들이라 두 시간은 너끈합니다. 간단히 아침을 먹고 10시부터 12시까지 다시 관찰 일기 작성. 12시 출발. 내려오는 길, 누군가 노래를 부르기 시작하자 합창이 이루어집니다. 너무 느리지도 너무 빠르지도 않고, 차분하면서도 너무 가라앉지 않는 노래. 정말 듣기 좋습니다. 1시에 휴게소에서 점심. 청주까지는 거의 모두 기절. 재우는 청주에서 남원까지 또 기절.

철원 철새관찰대 앞에서

지난달에도 새를 관찰했기에 일일이 이래라저래라 하지 않았습니다. 상황에 따라 어떻게 하면 좋을지는 스스로 생각해 내거나 판단하기를 기다립니다. 답답할 때가 정말 많습니다. 하지만 선생에게 필요한 것 또한 기다림이라 여깁니다.

우리 친구들이 만난 생명

두루미를 만난 기쁨과 두루미의 일상을 꼼꼼히 지켜보며 알게 된 사실에 대한 이야기가 가장 많습니다.

오늘 아침 일어나는건 힘들었지만 가니까
궁금증을 해결해주는 백과사전을 본것 같았다.
생생한 백과사전 같은 곳에서 본 왜가리, 두루미,
청둥오리 중 두루미의 모습에 감탄했다.
가장의 책임이라는 것 처럼 밥을 먹을 때도
신경이 곤두서 있었다. 역시 아빠는 다르다!

어제부터 두루미 가족을 계속 관찰한 결과, 셋이 또는 넷이
같은 곳을 바라보고 모습이 다 비슷해 사람도 가족과 닮은 것처럼
새도 그렇구나 라는 생각이 스쳤다. 두루미 가족 중 한 마리가
먹이를 먹고 있으면 공격 상대가 언제 어디서 올지 모르니
다른 한마리는 가족을 지키면서 주변을 살피고 있었다.

또 새 가족들이 무언가를 하고 있을때 꼭 한명은 주위를 경계 하고 있었다 . 보초를 서는듯 했다. 자신의 가족을 지키고 보호하려는 모습이 대단하기도 했고 좋았다.

'관찰의 끝은 나를 향하자.'는 말을 가장 많이 했습니다. 무엇을 보고 그것으로 그치는 것이 아니라 그 끝을 자신으로 향해 자신의 삶을 들여다보자는 것입니다. 글마다 그런 시도가 드러납니다. 특히 왜가리가 물고기를 잡기 위해 한자리에서 마냥 기다리는 모습에 많은 감동을 받았나 봅니다. 오래도록 지켜본 결과로 맞이하는 감동입니다.

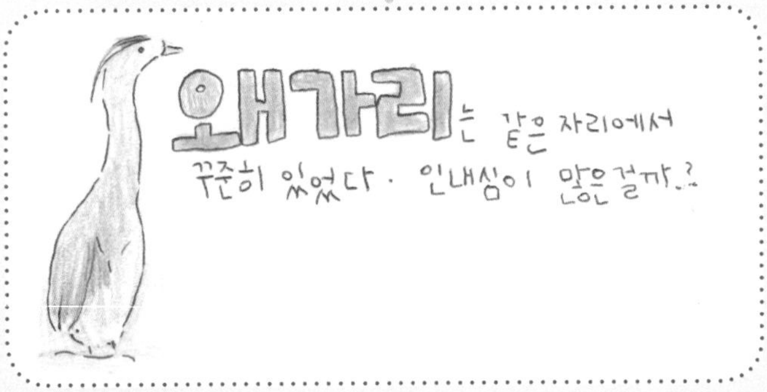

아침 일찍 일어나 피곤한 상태로 두루미 탐조대로 갔다.
갔더니 딱 보이는 것은 왜가리였다. 왜가리는 어제 있던 장소에
움직이지도 않고, 가만히 우뚝 마치 허수아비처럼 서있었다.
한 곳만 계속 바라보며 한걸음도
움직이지 않으니 동상같았다. 나는
왜가리와 달리 인내심이 없어 가만히
있는 것을 못해 왜가리를 닮아야 겠다.

왜가리

" 한곳만 계속 바라보며
한걸음도 움직이지 않으니 동상같았다.
나는 왜가리와 달리 인내심이 없어
가만히 있는 것을 못해 왜가리를 닮아야겠다. "

주요 관찰 대상은 두루미였습니다. 하지만 두루미만 보지 않고 새들이 서로 어떻게 관계를 맺으며 살아가는지에 대해서도 관심을 둔 글이 많습니다.

청둥오리, 두루미 다양한 새들이 물고기를 먹으며 편히
쉬고 있는 데, 맹금류인 흰꼬리 수리와 참매 가 지나가자
새들이 대피하며 한바퀴를 돌고 다시 돌아
오는 모습이 신기하였다. 그리고 큰고니들도 슬며시 왔다.

이후에 재두루미가 와서 두루미와 같이 관찰했다.
4~5마리 정도 있었는데 위로 두루미가 지나갈 때
마다 고개를 들고 두웁두웁하고 울었다.
인사하는 건지 수신호를 보내는 건지는 모르겠지만
서로 대화 열심히 하는 것 같았다.

두루미가 다 날라가고 청둥오리랑 큰고니 만 남았는데
중간에 흰꼬리 수리가 하늘 위에 날라가서
오리들이 다 놀랐다.
한바퀴 돌아서 물 위로 착지하는데
오리 들 한테는 물이 안전한 곳이다 라는 걸 알게 됐다.

↓ 새의 겉모습뿐만 아니라 소리에도 관심을 가져 주었습니다.

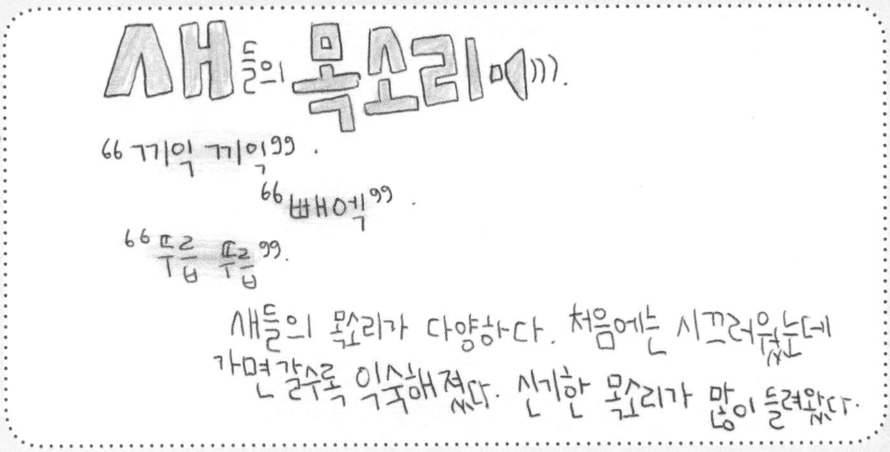

← 새의 움직임에 대한 시간 기록을 한 친구도 있습니다.

↓ 가장 기다렸던 이야기가 있습니다. 새의 아름다움을 말한 것입니다. 새를 보며 마음의 안정까지 얻었다고 합니다.

이 새를 보고 든 생각은 '아름답다'
였다. 우아하게 창 한가운데를 헤치고 지
나가는 고니를 보며 나는 마음에 안정
을 얻었다. 우아한 날개짓과 아름다움...
나는 이 새를 보며 반하게 되었다. 그러나
아쉽게도 이새도 멸종위기 2급이라고 한다.
이 아름다운 새가 사라지지 않도록
환경 보존을 해야된다.

↓ 처음에는 짜증이 났지만 결국 보람으로 변하였다는 이야기도 있습니다.

오늘은 6시에 일어나서 7시에 숙소 밖으로 나갔다. 우리는 졸리고 추웠지만, 포기하지 안ㅎ고 계속 관찰을 했다. 맨 처음에는 짜증났지만, 나중에는 보람이 있섰다. 오늘은 흰꼬리수리, 큰고니, 두루미, 재두루미, 청둥오리하고 새로운 종, 왜가리와 기러기를 봤다. 모모 선생님은 왜가리에게는 할아버지 느낌이 난다고 말하셨지만, 내 생각은 다르다. 내 생각엔, 왜가리는 갓난아기 같다. 그 이유는, 어떤 왜가리들은 아기가 잠잘 때처럼 움직임이 없지만, 어떤 왜가리들은 우는 아기 만큼 흥분하기 때문이다. 또, 나는 기러기들을 봤을 때 큰 감동을 느꼈다. 그 이유는, 수백마리의 기러기들이 서로 뭉쳐서 다니는 것이 너무 멋있었기 때문이다. 이제 철원을 떠나는 것은 좀 아쉽다.

새를 정말 사랑하는 친구, 영제. 지난달 조류 관찰부터 영제는 다른 사람이 되었습니다. 이렇게 긴 글을 쓴 것도, 그림을 이처럼 온 정성을 다해 그린 것도 관찰 대상이 새이기에 그럴 것입니다. 무엇에 특별한 관심이 있는 것은 좋은 일이지만 너무 치우치지 않았으면 좋겠습니다. 남학생 대부분이 그렇지만 영제 역시 새들의 다툼에 관심이 많습니다. 사춘기를 지나는 친구, 잘 건너가기 바랍니다.

" 재두루미와 두루미가 싸웠는데 두루미가 이겼다.
나중에 두루미와 고니가 싸웠다.
또 두루미가 이겼다.
'두루미는 싸움왕인가?'라는 생각도 들었다. "

비몽사몽인체로 버스에 타서 철원에 갔다, 가다가
김밥으로 점심을 때웠다. 바로 관찰에 돌입했다. 가자
마자 보인 것은 두루미 이다
두루미가 소리를 내는대, 소리가 정말 좋았다.
근데 옆에는 또다른 두루미가 있었는대 그것은
재두루미 이다, 나중에 재두루미와
두루미가 싸웠는데 두루미가 이겼다,
저기 멀리에는 새하얀 큰고니가 있었다.
정말 하얗다. 나중에 또!
두루미와 고니가
싸웠다, 또 두루미가
이겼다. '두루미는
싸움 왕 인가?' 라는
생각도 들었다.
두루미 근처에 벌레같이
고방오리, 청둥오리, 가창오리
홍머리 오리도 보였다.
근데 어느새가 나타나니
오리들이 다 물이나 하늘로
갔다. 어느새는 바로
흰꼬리 수리 이다. 지나가도
날아가거나 물에가고. 진짜
오리들이 대단했다

↓ 기다림의 주인공이 되겠다는 강한 의지를 표현해 준 친구도 있습니다.

한 곳에 오래 머문다는 건 힘든 일이다. 원래도 알고 있었지만 이렇게 한곳에서 어떤 일이 일어날지 모르고 계속 집중해서 가만히 있는 일들을 하는 사람들이 대단하다고 또다시 느꼈다. 내일도 오전 6시부터 보러 가는데 깜깜해도 새들이 많이 있길 기대하며 한번 가볼 것이다.

막내 윤성은 두루미 관련하여 가장 중요한 두 가지를 제대로 짚습니다. "최근 두루미가 4마리 가족에서 3마리 가족으로 바뀌고 있다. 저들도 새끼를 두 마리 키우는 것이 버거울 만큼 자연환경이 열악해지고 있다."고 했는데 윤성은 실제로 4마리 가족보다는 3마리 가족이 더 많은 것을 확인합니다. 또한 "새는 크면 클수록 경계심이 강하다. 제 몸이 잘

옛날에는 두마리의 새끼를 낳았는데 요즘은 한마리의 새끼를 낳는다고 한다. 그리고 무슨 소리가 나면 날아오른다. 소리가 잠잠해 졌을 때 다시 돌아온다.

드러나기 때문이다. 우리나라의 새 중 가장 큰 새이니 경계심이 가장 크고, 그러니 두루미를 만날 때 정숙해야 한다."고 했는데 무슨 소리가 나면 날아오르고 소리가 잠잠해졌을 때 다시 돌아오는 두루미의 모습을 윤성은 온전히 지켜봅니다.

나는 오늘 관찰을 통해 "우리나라에 새를 관찰 할 수 있는 공간이 있구나" 라는 것을 알았다. 그리고 한 공간에서 몇시간 씩 관찰을 한다는 게 나에게는 색다른 경험이 였다고 생각 했다. 오늘과 어제란 관찰을 통해 "두루미가 이렇게 만나기 힘든 동물이구나" 라는 것도 느낀 것 같다. 원래 나는 두루미 하면 생각나는 색이 오직 흰색과 검정색이 였지만 지금은 검정색, 파란색, 빨강색, 흰색 짙은색, 살구색, 연분홍 색이 생각 난다. 나는 오늘을 통해 배운게 많다고 생각한다. 대표적으로 자연이 소중하구나, 또한 우리만 생각하는 게 아니라 모든 것을 생각해야 된 것을 대표적으로 느꼈다.

재우. 또래와 비교할 때 새를 관찰하는 시간이 많으며, 탐조 후 관찰 일기를 쓰는 것이 일상인 친구입니다. 우선 전체를 보는 눈이 있습니다. 첫 그림이 위치도입니다. 눈에 들어오는 모든 지역 전체를 살피며 어디에 어떤 새들이 있는지를 정확히 파악하고 있습니다. 다음은 관찰 조류 목록을 표시했습니다. 목록도 과 단위로 잘 분류했으며, 각 종의 모습과 행동을 꼼꼼히 관찰한 뒤 관찰 내용을 잘 정리했습니다.

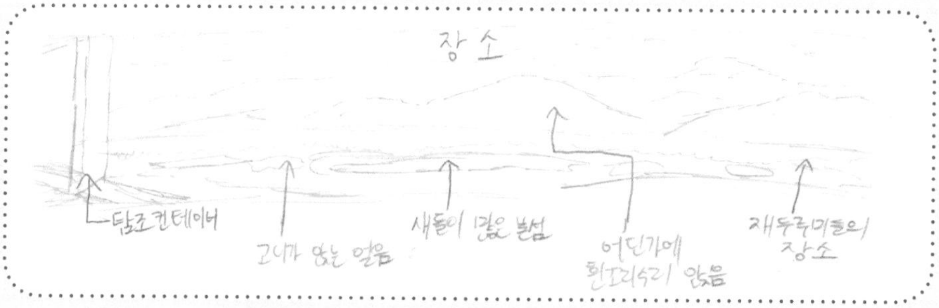

관찰한 새 리스트

맹금류
잿빛개구리매 - 휙 지나가며 오리 날림
독수리 - 하늘을 유유히 날아다님
흰꼬리수리 - 지나다니고 앉기도 함
두루미류
두루미 - 내내 몇마리씩은 있으며 먹이활동
재두루미 - 두루미와 같음
오리들
청둥오리 - 많은 숫자가 먹이활동
홍머리오리 ← 한두마리가 청둥오리 사이에 있음
가창오리 - 홍머리오리와 같음
+큰고니

그외
+고라니 - 슥나와서 별섬에서 돌아다님

두루미는 별섬과 옆의 섬들, 먼 갈대밭까지
고루 돌아다니며 먹이활동을 했다.
한 무리는 엄마+아빠, 그리고 애 한둘로 구성.
평소엔 평화롭게 다니지만 재두루미에 대해선
인정사정없이 쫓아낸다.
그림은 재두루미를 쫓아내고 우는 장면이다.
자기과시? 영역표시?

큰고니

큰고니들은 도착했을때부터
헤엄치고 있었다.
나중에 뭍으로 올라가라
참 걸음걸이가
우스꽝스러웠다. 뒤뚱뒤뚱!
상당히 소리가 커 시끄럽다.
성조는 우리가 아는 백조지만
어린새는 회색과 갈색빛이 돈다.
시간이 흐르자 얕은곳에서
자맥질도 했다.

오리들

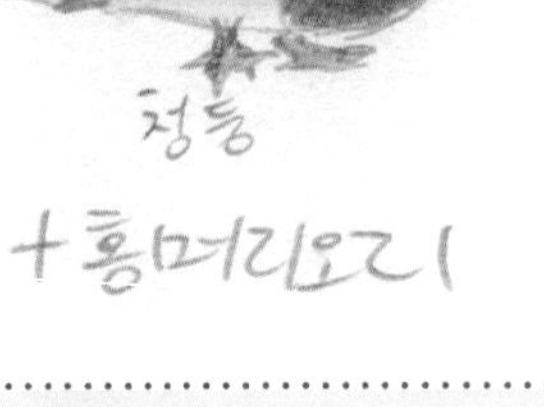

오리들은 95% 청둥오리,
5% 가창+홍이였다.
내내 수면에서 헤엄쳤다.
맹금이 오면 날아다 앉는다.
시간이 흐르자 육지로 와
씨앗을 먹었다.

+홍머리오리

재두루미

두루미보다 수가 많음
평화롭게 식사하다
두루미에게 밀려서
쫓겨나기도 함.
빨간 눈꼬리가 인상적.

발가 어떻게 생겼지? ↓?
사진에서 잘림

맹금류

슉슉 지나다니며 오리를 날림

탐조 소감(느낌)

오랜만에 철원에 와 기대되었고, 올때 느꼈던 고역의 몇배 그 이상의 성과를
얻었다. 두루미와 재두루미가 싸우는 장면, 두루미끼리의 학춤은 잊을수가 없다.
그리고 또래 친구들과 한 큰 탐조가 더 재밌었다.
점심밥과 저녁밥은 아주 ㅇㄴ———주 만족한다.
게다가 날이 따뜻해 편안히 탐조할 수 있었다. 지난번 방문땐 추워서 고역
이었다!... ㅎㅎ
잊지못할 추억이 생겼다.

나의 마음과 바람

어제와 오늘은 기다림과 지켜봄의 연속이었습니다. 아무리 철새 도래지라 하더라도 새가 언제나 내 앞으로 와 주는 것은 아닙니다. 기다려야 만날 수 있고, 만나 지켜본 만큼 알 수 있습니다. 일 분 지켜본 사람은 일 분만큼을, 한 시간이라면 한 시간만큼을, 하루라면 하루만큼을, 한 달, 일 년, 십 년, 평생이라면 그만큼을 알 수 있게 됩니다. 그러니 기다리고 지켜보는 시간을 늘려 주고 싶었습니다. 어찌 무엇을 한 시간 내내 기다리며 지켜보지? 하루 종일? 몇 년? 불가능하다고 여깁니다. 물론 쉽지 않습니다. 하지만 시작이 중요합니다. 일 초가 모여 일 분, 일 분이 모여 한 시간, 한 시간이 모여 하루, 하루가 모여 한 달이 되고 결국 몇 년이 되기 때문입니다. 기다리는 것도, 지켜보는 것도 연습으로 큽니다. 그러니 조금씩 늘려 가자고 했습니다. 어제와 오늘, 이미 그 일 초를 시작한 것입니다.

9장

1~2월

흔적으로 만나는 생명 1, 2

그저 발자국만 있을 뿐이지만 그 발자국을 통해
지난밤 이곳에서 어떤 일이 있었는지 그려 낼 줄 아는 아이들……
그런 면에서 "고개를 숙이고 자세를 낮추니 저들의 흔적이
보이기 시작했다."는 마음과 "지금까지 동물의 흔적을 보면
아무 생각 없이 밟거나 더러워서 피했지만
앞으로는 그냥 지나가지 않고 더 살펴볼 것 같다."는
우리 친구들의 생각이 더없이 고마운 날입니다.

1월

흔적으로 만나는 생명 1

날짜 1월 26일 토요일 10:00~16:00
장소 무심천과 미호천 합수부

동물의 흔적 관찰 시간입니다. 장소는 11월에 조류 관찰을 했던 곳으로 무심천과 미호천이 만나는 지점입니다. 원래 일정은 내일(1월 27일, 일요일)이었으나 외국으로 문화 답사를 떠나는 친구들이 몇 있어 오늘로 하루 당겼습니다.

오늘도 전원 참석입니다. 재우는 예은 모둠과 함께합니다. 흔적 관찰의 대상은 동물 전체지만 주요 대상은 포유류입니다. 우리나라에 서식하는 포유류는 그리 다양하지 않습니다. 만날 가능성이 있는 종(고라니, 너구리, 삵, 수달)의 흔적(발자국, 배설물 등)에 대해서는 대부분의 학생이 이미 알고 있지만 다시 한 번 확인했습니다.

넓은 지역을 모둠별로 이동하다 보니 어느 모둠은 만나고 어느 모둠은 만나지 못한 흔적이 있습니다. 모둠별 관찰이 끝난 뒤 함께 모여 결과를 공유합니다.

하천 가장자리의 축축한 곳, 갈대 숲길을 비롯하여 접근 가능한 모든 지역을 따라 이동하며 주로 발자국과 배설물 중심으로 흔적을 찾습니다. 흔적은 주변 환경과 함께 현장에서 충분히 관찰하며 기록하되, 사진을 찍는 것도 허락했습니다.

제시한 관찰 제목은 '동물의 흔적'이었으나 모둠별로 부제를 따로 달기로 했습니다. 이런 부제들이 나왔습니다.

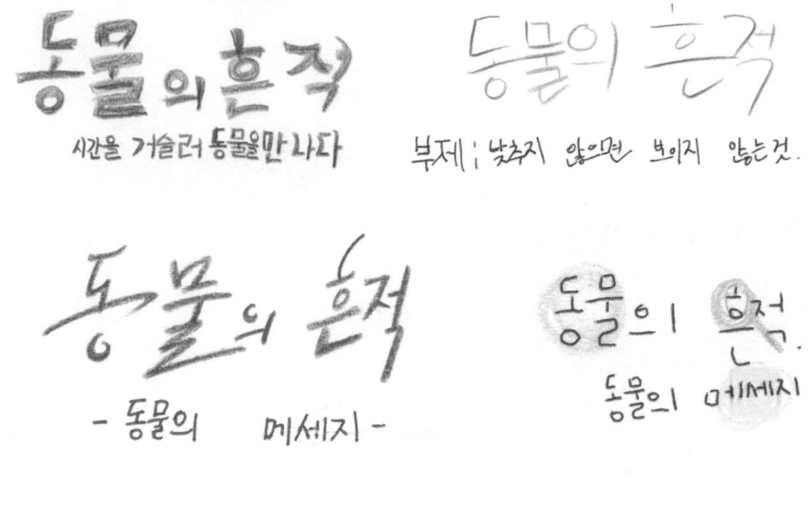

우리 친구들이 만난 생명

겨울 가뭄이 심해 하천 가장자리의 발자국 흔적조차 뚜렷하지 않았습니다. 모래 위에 찍힌 발자국은 구분조차 힘들었습니다. 그래도 우리 친구들은 열심히 흔적을 찾아 글과 그림으로 표현해 주었으며, 한 모둠에서는 수달 발자국과 꼬리가 끌린 자국도 만났습니다.

수달 발자국과 꼬리자국

수달

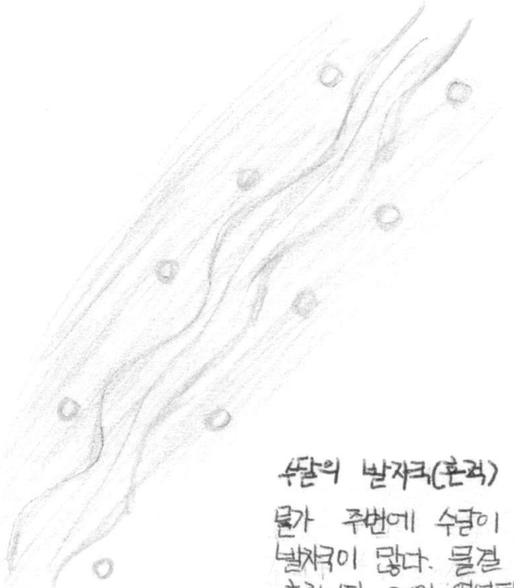

수달의 발자국(흔적)

물가 주번에 수달이 살기 때문에 물가 주변에 발자국이 많다. 물결 무늬는 꼬리가 끌린 흔적이다. 제일 멋있던 흔적이다.

얼음위에 찍혀있는 왜가리 발자국

○ 고라니 발자국

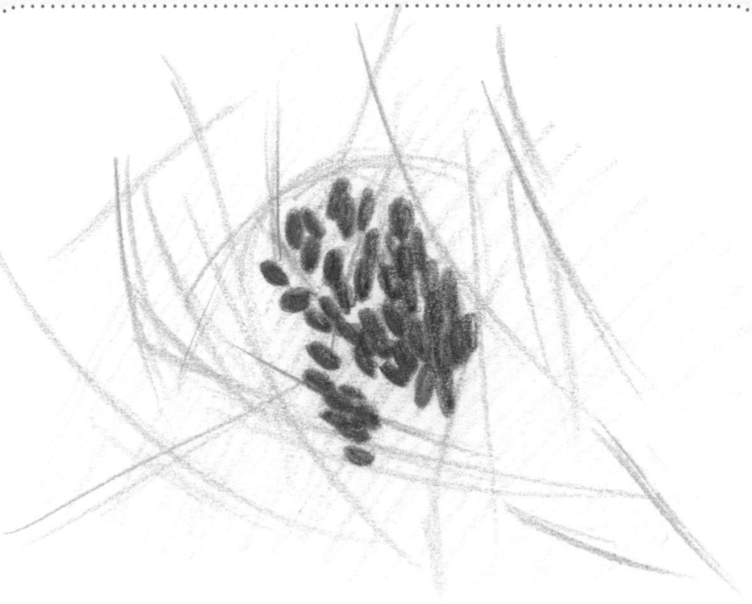

고라니 배설물

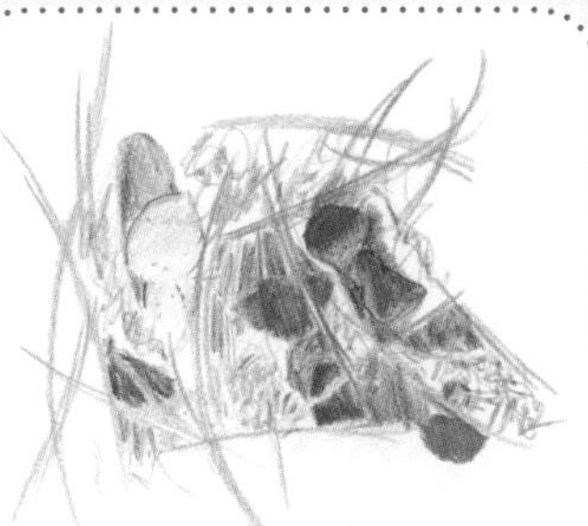

너구리 배설물

삵 배설물

관찰결과: 우심천 하류에는 여러 동물이 살고 있다. 우리는 너구리 발자국, 삵 발자국 수달발자국, 고라니 발자국, 고라니, 너구리, 수달의 배설물을 기대하며 관찰을 하였다.

제일 많이 발견된 것은 새발자국  이었다. 새발자국은 얼음에서도, 모래에서도 잘 발견되었다. 그리고 또 다른 발자국으로는 고라니 발자국이었다. 고라니 발자국은 굽이 두개로 나뉘어볼 수 있었다.  다른 발자국에 비해 이 두 발자국들은 또렷해서 누구의 발자국인지 확실히 알수 있었다.

그 다음으로는 배설물이 있었는데 배설물은 고라니 배설물이 가장 많이 발견되었다.

고라니 배설물은 물가 쪽보다는 갈대가 많은 조금 우거진 쪽에서 많이 발견되었다. 마치 고라니 전용 화장실처럼 고라니 배설물만 발견이 되었다.

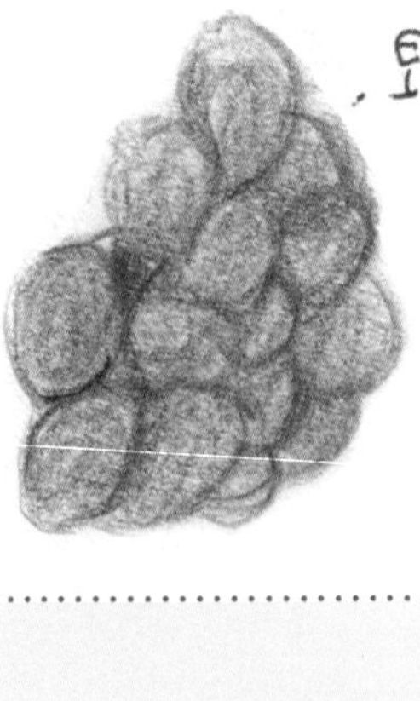

토끼똥처럼 동글동글.

그리고 삵의 배설물이 발견되었다. 삵의 배
설물은 끝이 늘어져 있었다.

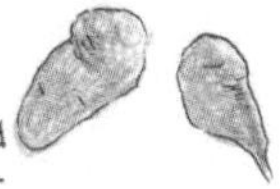

아쉽게도 수달의 흔적은 발견
하지 못하였다.

고라니나 새의 발자국들로 알수 있던것은
이동경로나 동물의 보폭 넓이를 알수 있었다.

* 관찰했던 주변환경.
물은 조금 얼었고 육지는 모래였으며 가장가리
에서 조금 위로 올라가면 갈대가 많이 있었다.

우리 친구들 생각

생각보다 동물의 흔적이 많았음에 놀랐나 봅니다. “평소 느끼지 못할 뿐 우리 곁에서 자연은 알아서 살아간다.”, “고개를 숙이고 자세를 낮추니 저들의 흔적이 보이기 시작했다.”, “지금까지 동물의 흔적을 보면 아무 생각 없이 밟거나 더러워서 피했다. 하지만 앞으로는 그냥 지나가지 않고 더 살펴볼 것 같다.”는 글에는 오래도록 눈길이 머뭅니다. 몇 친구는 수달의 발자국을 만나지 못한 것에 아쉬움을 드러내기도 했습니다.

생각보다 발자국이 많아 놀랐다.
물론 종류가 몇 안되고 상태도 좋지
않아 아쉽긴 했다.
하지만 아침의 그 졸림을 뚫고 온
의미가 충분한것 같다.

오늘은 흔적 조사를 했다. 아무래도 작은 흔적이다 보니 처음에는
쉽게찾지 못했지만 고개를 숙이고 자세를 낮추니 그들의 흔적이
보이기 시작했다. 오늘 관찰을 하면서 ~~[illegible]~~ 자신보다 작은것은
위에서 만 보지 않고 그들의 시선을 맞추어 관찰하기로 하였다.

우심천 옆에 도로도 있고 사람도 지나다녀서
동물이 많이 안 지나다닐 줄 알았는데 새 말고도
고라니, 삵, 너구리 등 의외로 많은 동물의 흔적이 남아있어서
놀랐다. 흔적 조사하면서 동물들에 차이점 (발자국, 배설물)
들을 자세히 알 수 있어서 좋았다.

내가 처음으로 고라니를 본 장소가 숲이었는데
이번장소는 숲이 조금 먼 곳이었다 그런데도 고라니 배설물과
발자국이 있고 그외 다른동물들 흔적이 많게 보였다 난 오늘
우리가 평소 느끼지 못해 잊어버려도 동물들과 같은 자연이 알아서
살아가고 있다는 단순하지만 중요한 걸 다시 깊이 생각하게 되었다

원래 나는 어떤 동물의 흔적을 봤을 때에는
그냥 그 위에 밟거나, 더러워하면서 피했다. 그러나,
이번 수업 이후에는 동물의 흔적을 보면 관심이
없어서 그냥 지나가지 않고 한번 더 살펴볼
것 같다. 아주 재미있는 수업이었다.

2월

흔적으로 만나는 생명 2

날짜 2월 23일 일요일 10:00~16:00
장소 청주 외곽 논과 주변 산지

지난달에는 하천 주변에서 동물의 흔적을 찾았으나 이번에는 논, 논에서 이어지는 산을 대상으로 합니다. 산과 강은 분리된 것이 아니라 저들끼리 또는 들녘을 통해 연결되어 있다는 사실을 알려 주고 싶은 마음입니다.

관찰로는 마지막 시간입니다. 흔적 관찰을 마지막 일정으로 삼은 까닭은 우리도 이 세상에 흔적을 남긴다는 메시지를 전하고 싶은 것인데 얼마나 우리 친구들 가슴에 전해질지는 모르겠습니다.

오늘도 전원 참석이며, 재우는 준수 모둠과 함께합니다. 이제 모든 친구들이 흔적에 대한 기본 지식을 갖추고 있으므로 특별한 설명 없이 관찰을 시작합니다.

1	2
3	4

1 김민설, 손예은 2 곽은정
3 정윤성 4 조재희

우리 친구들이 만난 생명

모든 모둠이 고라니와 너구리의 흔적을 쉽게 찾았습니다. 며칠 전 눈이 조금 내린 탓에 발자국 흔적이 무척 또렷했습니다. 아파트 바로 옆 논에서 고라니와 너구리의 흔적을 어렵지 않게 만나는 것에 꽤 놀라는 모습이었습니다. 관찰 결과는 지난달에 만나지 못한 흔적 중심으로 소개합니다.

↓ 논 가장자리에서 두더지의 이동 흔적을 찾았습니다.

→ 논과 산이 맞닿은 곳 주변에서 새 깃털이 어지럽게 흩어져 있는 모습을 만났습니다. 말똥가리나 매를 비롯한 맹금류가 먹이 활동을 한 흔적입니다.

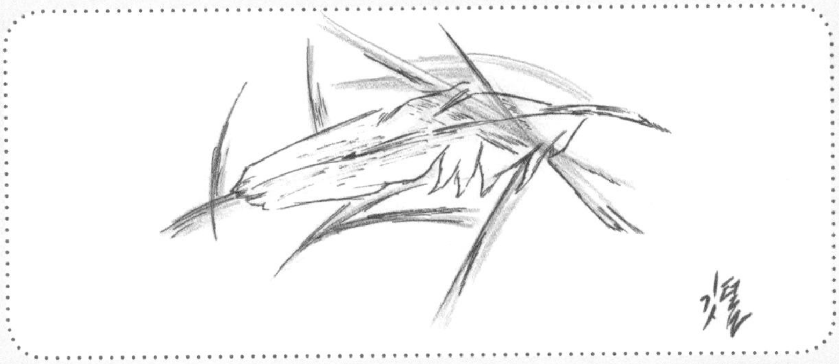

논 주변 산에서 멧돼지 발자국도 만났습니다. 아파트 바로 옆 산에서 고라니, 너구리, 심지어 멧돼지의 서식 흔적을 찾은 것입니다. 야생 동물, 심지어 몸집이 제법 큰 동물조차 우리와 아주 가까이 있다는 것을 알게 되어 어떤 생각을 했을지 궁금합니다.

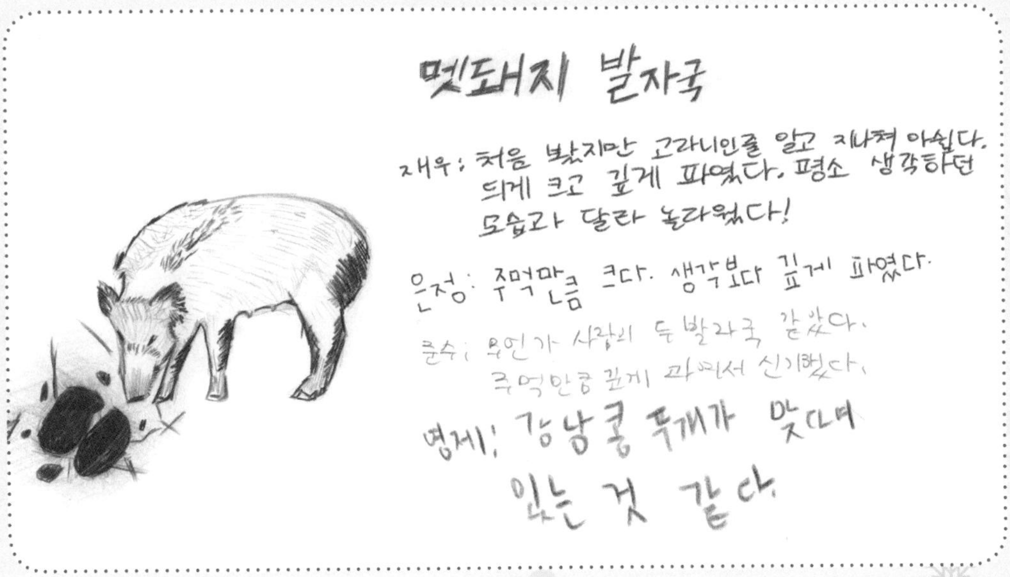

발자국과 배설물을 비롯한 일상적인 흔적에만 눈길을 준 것이 아니라 동물의 흔적이라면 무엇이라도 찾으려 애쓴 모습이 드러납니다. 곤충이 낙엽을 갉아먹은 흔적, 벌레 혹, 딱정벌레 애벌레의 이동 흔적, 청설모가 호두를 먹은 흔적, 땅에 판 굴도 허투루 보지 않고 모두 기록했습니다.

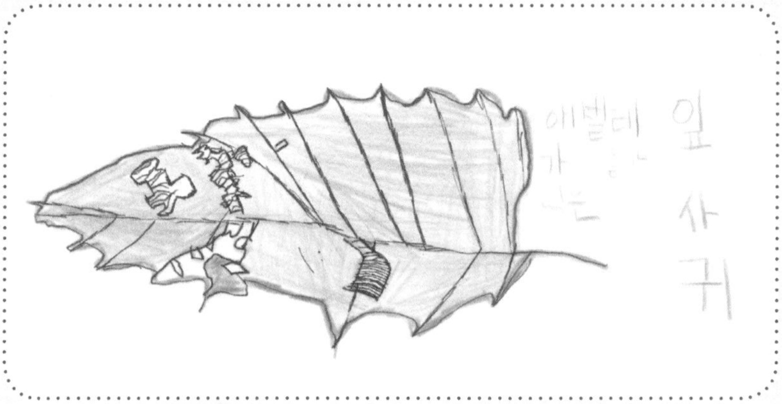

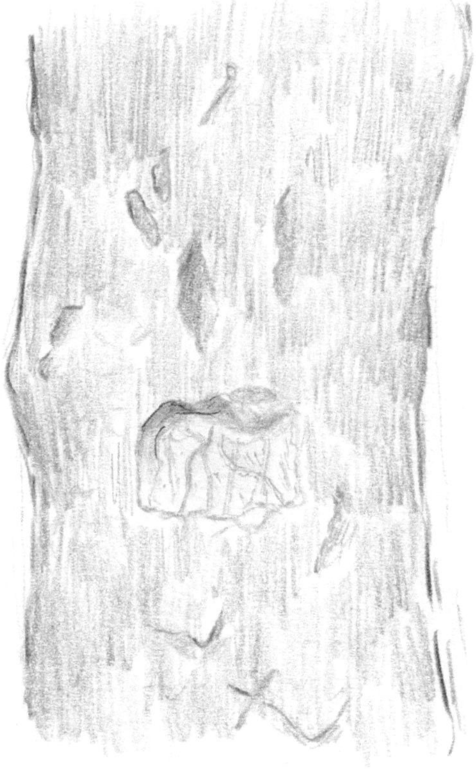

우리 친구들 생각

흔적을 통한 만남의 기쁨과 반가움을 표현한 글이 가장 많으며, 그냥 지나치는 것도 자세히 보면 재미있다는 이야기도 많습니다.

나의 지난 관찰들을 합해서 오늘의 느낌점은 되게 신기했다. 왜냐하면 동물의 흔적은 찾기 힘든거라고 생각하는데 그걸 우리가 찾아서 신기했다. 그래도 동물의 흔적이 찾기 쉽지만은 않았다. 어떨때는 동물의 흔적이 구분이 가지 않았을 때도 있었다. 하지만 관찰을 계속 하다 보니까 구분이 확실히 되어서 너무 좋고 행복하다.

생각보다 재미있는 흔적이 많아 즐거웠고, 처음으로 멧돼지 발자국도 봐서 신기했다. 말 그대로 흥미진진한 경험이였다. 그냥 지나치는 것들도 자세히 보면 참 재밌다!

↓ 고라니의 발자국을 따라 걸은 친구가 있으며, 고라니처럼 생각하고 다니니 잘 찾을 수 있었다는 이야기도 있습니다. 발자국을 따라가며 바로 이곳을 먼저 걸었을 고라니를 떠올리는 모습은 아름답습니다.

고라니 발자국이 선명한게 의외로 많았다. 고라니 발자국을 따라 걷는게 재미있었다. 다음에는 더 유심히 보면 의외의 것을 볼수 있을것도 같다.

따라가는 재미가 있었다. 아주 길어서 꽤나 많이 걸었다는걸 알게 되었다.

고라니의 흔적을 찾을때 잘 안나와서 답답했는데 고라니처럼 생각하고 산속을 따니니까 고라니의 흔적이 많이 나와서 좋았다. 몸은 아팠지만 마음은 이상하게 편안해지는 기분이었다.

↓ 동물의 흔적을 만나면서 자신의 발자취를 돌이켜본 친구들이 있습니다.

마지막이다. 비로소 오늘로서 초등학교의 마지막에서부터 중학교의 시작까지 다사다난 했던 마지막의 수업은 아이러니하게도 '흔적'이었다. '흔적'은 과거의 일을 보는 현재의 흔적이다. 그런 마지막 수업에서 동물들의 흔적을 보며 내가 남긴 흔적을 회상해 보았다. 엉성한 그림에서부터 암호해독가로 만들어 주었던 글씨, 그리고 아름다운 추억까지. 나는 수많은 흔적들을 다른 사람들의 마음에 남겼다.

" '흔적'은 과거의 일을 보는 현재의 흔적이다. 그런 마지막 수업에서 동물들의 흔적을 보며 내가 남긴 흔적을 회상해 보았다. "

물가 주변에서도 했던 흔적 조사인데 다른 느낌이 든다.
숲속에는 물가와 다른 동물들의 흔적을 알 수 있었다.
마지막이라는 말이 실감은 잘 안나지만 점점 허전한 느낌일것 같다. 지금까지의 일들이 스쳐간다. 나의 머릿속에 하나의 추억, 흔적을 남겼다.

↓ 같은 주제로 장소를 바꿔 흔적 관찰을 했습니다. 두 결과를 비교한 모둠이 있습니다.

지난 관찰결과와의 비교

지난번는 강가에서 관찰해서 그런지 이번! 산과 들녘에서 한 관찰과 관찰결과가 달랐다. 지난 관찰에서는 고라니의 배설물 또는 발자국이 많이 발견 되었지만 이번관찰에서는 고라니의 발자국 고ㄴ 배설물 뿐만 아니라 맹금류의 사냥흔적, 동물들이 파낸 굴 등이 있었다. 이번에는 땅도 질척해서 그런지 발자국 등도 확연하게 볼수 있었다.

나의 마음과 바람

관찰로는 마지막 일정까지 끝났습니다. 아무 탈 없이 일 년을 온 것이 그저 감사할 뿐입니다.

자연에 깃들인 동물을 직접 만나는 것이 쉬운 일은 아닙니다. 오랜 시간에 걸쳐 주요 동선을 충분히 살핀 뒤 움막을 짓고 길목을 지키며 마냥 기다려야 합니다. 기다림의 끝이 며칠 뒤, 아니면 몇 달 뒤일 수 있으나 그 끝이 아예 오지 않을 때도 있습니다. 하지만 직접 만나지 못하더라도 그 대상을 느낄 수 있는 길은 얼마든 열려 있습니다. 흔적입니다. 동물은 다양한 흔적을 남깁니다. 발자국, 배설물, 먹이를 먹은 흔적, 잠을 잔 흔적, 목욕 흔적…….

나는 우리 친구들이 이런 마음을 갖기를 소망합니다.

앞에 발자국이 있을 때 그냥 지나치지 않는 친구들입니다. 허리를 굽히거나 무릎을 접거나 할 수 있다면 엎드리는 아이들입니다. 그리고 그저 발자국만 있을 뿐이지만 그 발자국을 통해 지난밤 이곳에서 어떤 일이 있었는지 그려 낼 줄 아는 아이들입니다. 가능합니다. "아, 지난밤 어둠에 기대어 이곳에 너구리 가족이 왔었네. 와~ 이번 번식기에 모두 6마리의 새끼를 키워 냈구나. 저리로 해서 여기를 지나 이곳에 물을 마시러 왔었네. 물을 마시고는 이쪽으로 길을 잡았는데, 같은 조건임에도 깊이 눌린 것을 보니 여기서는 잠시 쉬었다는 뜻이야. 그래, 하늘도 맑았으니 이곳에서는 고개 들어 밤하늘의 별이라도 헤아릴 수 있는 여유가 있었다는 뜻이네. 어, 여기서부터는 보폭이 확확 늘어나는데…… 무언가에 놀란 것인데 그 밤, 이 가족을 놀라게 한 것은 무엇이었지?”

그저 발자국만 있을 뿐이지만 그 발자국을 통해 지난밤 이곳에서 어떤 일이 있었는지 그려 낼 줄 아는 아이들…… 그런 면에서 “고개를 숙이고 자세를 낮추니 저들의 흔적이 보이기 시작했다.”는 마음과 “지금까지 동물의 흔적을 보면 아무 생각 없이 밟거나 더러워서 피했지만 앞으로는 그냥 지나가지 않고 더 살펴볼 것 같다.”는 우리 친구들의 생각이 더없이 고마운 날입니다.

그리운 친구들에게

얘들아, 잘 지내지? 그사이에 또 엄청 컸겠구나. 이제는 모두를 올려다 봐야 하겠는걸. 올해 중학교와 고등학교에 간 친구가 있는데 내가 인사를 못 했네. 직접 가서 함께 축하해 주고 싶었는데 코로나19로 학교를 못 가는 상황이라 그랬단다. 이해해 줄 수 있지? 아니다. 내 생각이 짧았구나. 잘못이야. 다른 길도 얼마든지 있는데 말이야. "미안! 이제라도 축하해~. 몸도 마음도 모두 건강하기 바란다!"

나는 최근 몇 달 두 가지만 하고 있어. 짐작하겠지만 관찰과 글쓰기. 관찰하는 삶이 아니었다면 조금 힘들었을 텐데 특별히 문제가 될 것은 없어. 글을 쓰는 시간이 조금 더 늘었을 뿐이니까. 그렇더라도 코로나19 상황이 얼른 끝나 반갑게 만나면 좋겠구나.

우리 친구들의 글과 그림을 찬찬히 살펴보며 엄청 기뻤어. 책으로 묶을 생각을 한 것은 정말 잘한 일이었고. 그렇지 않았다면 우선 우리 친구들의 생각을 하나하나 제대로 만나지는 못했을 거야. 아무래도 조금은 설렁설렁 보았겠지. 게다가 우리 친구들의 기록이 여기저기 흩어져 있다 아예 사라지기도 쉬웠을 테고.

친구들의 생각을 모두 만난 끝에서 언제나 그러하듯 나를 돌아보았어. 그러며 물었지. "내가 진정으로 우리 친구들에게 전하고자 했던 마음은 무엇이었나?" 생각하고 또 생각해 보아도 오직 한 가지 마음이었고 이제 그 마음을 전하려 해. 어쩌면 글로는 마지막 인사가 될지도 모르겠네. 가슴에 담아 두고 잊지 않으려 애써 준다면 고맙겠구나. 새롭지는 않을 거야. 지금까지 귀가 닳도록 들은 이야기니까.

한 사람이 존재하려면 기적으로도 설명이 되지 않는 기적이 끝없이 일어나야 해. 누가 나를 또한 우리 친구들을 그러한 기적을 통해 지구별에 보내 준 것인지는 모르겠어. 하지만 그토록 귀한 존재를 보낼 때 빈 가슴으로 보내지는 않았다고 믿어. 우리 친구들 가슴마다 빛나는 별 하나가 있어. 그 누구보다 가장 잘 사랑할 수 있는 무엇이 하나는 있다는 뜻이야. 찾았니? 아직 찾지 못했을 거야. 어리잖아. 하지만 꼭 찾기 바라. 찾는 길은 여러 갈래겠지만 그중 하나가 관찰하는 삶이라 생각해. 가까이 있는 것에서 시작해서 멀리 있는 것까지, 볼 수 있는 것에서 볼 수 없는 것까지, 들을 수 있는 것에서 들을 수 없는 것까지, 느낄 수 있는 것에서 느낄 수 없는 것까지 섬세하게 관찰하면 좋겠어. 그리한다면 언젠가는 우리 친구들 가슴에서 빛나는 별을 만나게 될 거야. 그래서 자신이 얼마나 소중한 존재인지를 깨닫는 것, 딱 그 마음 하나였단다. 얘들아, 사랑해.